De tiempos y sazones

Una Visión profética

I Tes 5:1

¡Consumado es!

AF884652

Tomo I

Claudia Mendez-Ruiz

INDICE

INTRODUCCIÓN

El presente es un trabajo de investigación y recopilación, primeramente, de aquello que he aprendido a lo largo del estudio de las Santas Escrituras, y de las inspiradoras enseñanzas de Rabinos, Pastores y Maestros; todos ellos, hombres de Dios, dedicados a escudriñar sabiduría en el Davar (La Santa Palabra) y a quienes admiro profundamente.

Primero déjame contarte que, desde hace tiempo, tenía una inquietud en el corazón, quería conocer profundamente las Fiestas del Señor, porque si bien es cierto, muchos años atrás tuve la oportunidad de estudiarlas, pero únicamente fue de una manera un tanto superficial y estaba convencida, que allí había sabiduría; era el "cofre del tesoro" que aún estaba escondido. Seguramente, habría riqueza esperando para ser descubierta, y en ella me quería deleitar. ¿Sabes? ¡No estaba equivocada!

Quiero compartir contigo, amado lector, uno de los eventos más emocionantes de mi vida y cómo Dios en su infinito "amor y misericordia" (cito a mi madre) se mueve de maneras que no logramos entender para llevarnos justamente al lugar y hora de acuerdo a su voluntad, siempre con propósitos eternos.

En aquella conmemoración ¡vimos la Gloria del Señor! ¡Todo fue precioso! Cada detalle hablaba de nuestro Dulce Salvador, Yeshúa.

Ya habrás experimentado esta pasión delante de Su Presencia y ¿sabes qué? ¡Dios sabe cómo avivar el fuego en el corazón humano...! ¡El mío estaba en llamas! Así que después de lo vivido pasé dándole vueltas al asunto.... Por más que buscaba y buscaba, no lograba encontrar literatura que me facilitara las cosas, francamente no encontraba mayor información al respecto. El tiempo transcurría y yo no lograba embarcarme en esta hermosa travesía; hasta que, como dice Su Palabra, a "Él agradó y fue el tiempo propicio", entonces todo empezó a suceder con una velocidad y exactitud impresionante...

¡Al que Vive, a Jesús, toda la honra y toda la gloria porque solo Él es digno!

Con toda humidad delante del Señor, quiero compartir contigo que "este proyecto es conforme al Corazón del Señor para estos últimos tiempos". Este es el tiempo en el que, de acuerdo a la profecía, el corazón de los hijos se vuelve al padres y el de los padres hacia los hijos. (En el entendido, que los patriarcas Abraham, Isaac y Jacob también son nuestros padres, pues nosotros, ramas silvestres, hemos sido injertados en el olivo natural).

En Dios hay un sentido de urgencia, que a su vez me ha trasladado. El Señor no quiere, que ignoremos, porque su regreso está cerca y el tiempo se acorta... no quiere que su pueblo se

El hecho que este libro sea una realidad y que hoy esté en tus manos es una prueba de ello.

Espero que tu corazón arda,
junto al mío, con fuego
santo ante la exposición
de las Santas Escrituras y la
revelación profética de Su
Palabra para tu
vida.

Estoy segura que esto cambiará tu vida, como lo ha hecho con la mía. **Te aseguro que nunca más volverás a ver las Santas Escrituras de la misma manera.**

Si lees cuidadosa y diligentemente, si buscas todas las citas bíblicas aquí mencionadas y pides al Espíritu Santo entendimiento, se develará a tu vida una verdad tan poderosa que será capaz de cambiar toda tu realidad. Sin temor a exagerar o a equivocarme. Te exhorto a que leas, escudriñes, compruebes. **¡Te reto a que te enamores de la poderosa Palabra de Dios y Su multiforme sabiduría, que es Viva y eficaz…!** (Hebreos 4:12)

Deseo que encuentres la verdadera sabiduría en la Palabra revelada de Dios y se transforme en poder para tu vida:
" Empero hablamos sabiduría de Dios entre perfectos; y sabiduría, no de este siglo, ni de los príncipes de este siglo, que se deshacen: Mas hablamos sabiduría de Dios en misterio, la sabiduría oculta, la cual Dios predestinó antes de los siglos para nuestra gloria: La que ninguno de los príncipes de este siglo conoció; porque si la hubieran conocido, nunca hubieran crucificado al Señor de gloria… "
(I Corintios 2:6-8) Colosenses 1:26; 1Pedro 1:10-12

Escucha el llamado de Dios ¡Él te anhela!
"Escucha, pueblo mío, mi ley;
Inclinad vuestro oído a las palabras de mi boca.
Abriré mi boca en proverbios;

… *"a días de fiesta, luna nueva o días de reposo,* ***todo lo cual es sombra de lo que ha de venir****; pero el cuerpo es de Cristo". (Colosenses 2:16-17)*

Si **quieres ser entendido y prudente, quieres ser sabio para permanecer velando,** Dios dejó todas estas pistas (Fiestas del Señor) para hacernos entender:

"Para entender sabiduría y doctrina,
Para conocer razones prudentes,
Para recibir el consejo de prudencia,
Justicia, juicio y equidad;
Para dar sagacidad a los simples,
Y a los jóvenes inteligencia y cordura.
Oirá el sabio, y aumentará el saber,
Y el entendido adquirirá consejo,
Para entender proverbio y declaración,
Palabras de sabios, y sus dichos profundos.
El principio de la sabiduría es el temor de Jehová;
Los insensatos desprecian la sabiduría y la enseñanza".
(Proverbios 1:2-7)

escatológico, que señalaba su obra redentora, Jesús cumplió en su primera venida, como siervo, las que se conmemoran durante la Primavera en Israel. Dicho cumplimiento fue exacto en cada detalle, de conformidad a la Ley, para que se evidenciara que Él es el Mesías anunciado por Moisés y los profetas. No podemos más que quedar perplejos y maravillados ante tal descubrimiento, pero aún es más importante, entender que no podemos permanecer igual ante tal revelación. Seguramente, nuestros corazones se llenarán de gratitud. En el libro de Apocalipsis, el apóstol Juan relata cómo Jesús cumplirá, con perfecta exactitud también, las Fiestas que se conmemoran en otoño, o sombra de Su Segunda Venida. Es por esta razón que podríamos llamar al libro de Apocalipsis el "Quinto Evangelio o Las Buenas Nuevas de lo que está por venir". Con esta idea en mente, entendemos que **"El testimonio de Jesús** (es decir todo lo que estaba escrito de Él, desde el AT) ***es el espíritu de la profecía"***, *por tanto, "Tenemos la* ***palabra profética más segura****, a la cual* ***hacéimos bien estar atentos*** *como una antorcha que alumbra en un lugar oscuro, hasta que el día esclarezca y el lucero de la mañana salga en nuestros corazones". (Apocalipsis 19:10; II Pedro 1:19)*

Es por esta razón que el apóstol Pablo nos plantea la siguiente interrogante (Romanos 3:1-2) con ese estilo literario tan particular:

¿Qué ventaja tiene el judío? A lo cual él mismo responde, mucho en todos los aspectos...

Y en el libro de Hebreos encontramos la respuesta:

A los judíos les ha sido entregada la Palabra de Dios; los oráculos de Dios (Hebreos 5:12) Biblia de las Américas.

Por tal motivo, el autor de la carta a los Hebreos expresa a los destinatarios "que ya deberían ser maestros (en estos **oráculos** pues **han sido parte de ellos**) pero todavía tienen necesidad de que se les expliquen "estos rudimentos". (Hebreos 5:12).

Debemos resaltar que el apóstol Pablo fue instruido en Torah, a los pies de Gamaliel. De aquí que Pablo nos instruya en el ministerio ya revelado de la Torah y su cumplimiento en el Mesías de Israel, Jesús; pues la única Escritura que existía hasta entonces era la Tanaj (Antiguo Testamento); el Nuevo Testamento no había nacido aún.

De acuerdo al libro de los Hechos 7:38 (Biblia King James) nos dice *que los Oráculos de Dios son vivos*, y la Biblia Reina Valera 1865 especifica *"oráculos vivos de vida"*.

Es decir que éstos (los oráculos divinos) están vivos, pero también nos dan vida.

Hay 104 referencias bíblicas con relación al Oráculo del Señor, entre ellos:

- Salmos 110:1
- Isaías 56:8
- Mateo 2:15
- Juan 12:38
- Hechos 7:38
- Romanos 3:2
- I Pedro 4:1

¿Sabes por qué están vivos y dan vida? Porque ellos son Jesús mismo. Él es la Palabra, el Davar(hb) de Dios/ el Logos(gr) Juan 1

Tristemente se desconocen estos oráculos, pues la Iglesia cree, erróneamente, que el Antiguo Testamento ya pasó de moda, ignorando que son sombra de Jesús y la base para la correcta interpretación de todas las Escrituras, según ellas mismas lo señalan (esto es Hermenéutica). Es prácticamente imposible entender el mensaje que Dios tiene en su Palabra sin el previo conocimiento de los Oráculos. Nos perdemos del sentido, la dimensión y revelación de las Escrituras.

Los oráculos de Dios son pues,

"Las sombras de los bienes venideros" (Hebreos 10:1)

En todo ese contexto entendemos claramente que, Las Fiestas del Señor son parte de estas sombras que anuncian a Jesús. Inapropiadamente se les llama Fiestas Levíticas o de los judíos, pues Dios mismo nos hace esta aclaración en Levítico 23:2 *"Estas son Sus Festividades pues hablan de Él"*.

Esteban nos da una cátedra preciosa de la Salvación en el Mesías y delante del Sanedrín dice:

"Nuestros padres recibieron los Oráculos Vivos" para dárnoslos... (Hechos 7:38 Biblia Textual).

Así, los oráculos de Dios son mencionados tanto en el Antiguo Testamento como en el Nuevo.

Dios revela el estándar de Su Santidad y Su carácter por medio de la Torah encomendada al pueblo judío para que lo participase a las naciones de la tierra. Este es pues, un manual de instrucciones para que "nos vaya bien". Dios nos declara a través de ella Su voluntad y amor, enseña al hombre a comunicarse con Él, para que pueda vivir en el vínculo perfecto de santidad.

El texto hebreo de la Torah mantiene su integridad, permanece aún en el mismo orden, escrito con las mismas palabras y letras que fueron dadas a Moshé (Moisés) hace más de 3,400 años, siguiendo las instrucciones dadas por el Eterno. Ningún otro libro en toda la historia de la humanidad ha sido capaz de tal hazaña.

"La divinidad del texto bíblico es innegable". La Biblia es el único libro que puede ser "medido y pesado" y, además, la pesa es exacta. Aunque el hombre nunca será capaz de medirlo y pesarlo, como está escrito ¿quién entenderá la sabiduría de Dios? El valor numérico de sus letras (hebreo) y los muchos códigos que en ella se encuentran contenidos, lo prueban; tal es el caso del código de letras equidistante que forma mensajes sin alterar la lectura, es decir, sin que pierda sentido propio al leer. ¿Qué ser humano podría escribir tal tarea? Me atrevo a decir, que ésta es la firma del Dios Todopoderoso, eternamente sabio, Yahweh. Solamente Él es capaz de tales maravillas.

Se ha establecido erróneamente que, debido a que la salvación es por "Gracia" en Cristo Jesús (gracia: favor no merecido), el estudio de la Torah (AT) ha quedado obsoleto; sin entender

Pablo basó y probó su fe y toda su doctrina por medio de los escritos de la Torah. Los habitantes de Berea escudriñaban las Santas Escrituras (Torah) para probar las doctrinas (Hechos 17:10-11). Las enseñanzas de Pablo, de los apóstoles fueron probados y medidos con la plomada de la Palabra. De igual manera hasta el día de hoy, toda enseñanza debe ser probada con la Torah y el Nuevo Testamento, es decir, con la Biblia. Pablo continuamente cita la Torah en sus cartas. Cualquier enseñanza debe ser pasada por el tamiz de la Palabra.

Acerca de esto, el apóstol Pedro (II Pedro 3:16) declara que los escritos de Pablo son complicados y difíciles de comprender y añade que los indoctos e inconstante los tuercen para su perdición… ¿Pero a qué se refiere exactamente?

Para hacer una correcta interpretación del texto bíblico es indispensable situarnos en el tiempo, cultura, geografía y pensamiento de quien escribe y a quien se escribe, por tal motivo es evidente que al desconocer la Torah (AT) y con ello, la base de la cultura y el entorno de idioma, costumbres y otros, difícilmente se entenderá en su sentido correcto el Nuevo Testamento. Con seguridad, sería como quedar varados en las orillas del océano sin poder llegar a las profundidades de este; en nuestro caso, de las Escrituras, corriendo el riesgo entonces, de torcerlas, como declara el Apóstol Pedro, arrastrándonos a nuestra propia perdición y quizá la de otros. Esto sucede cuando los versículos y aún los capítulos son sacados de su contexto original, pretendiendo darles una interpretación que no corresponde, estableciendo con ello doctrinas humanas y erróneas que solo han dividido el Cuerpo de Cristo. El Apóstol Pedro advierte en II Pedro 3: 17 *"Guardaos no sea que arrastrados por el error de los inicuos caigas de vuestra firmeza"*

Jesús mismo dijo "Ustedes erran por no tener conocimiento de la Torah y el Poder de Dios, su Ruaj" (parafraseando Mateo 22:29; Marcos 12:24)

Es importante aclarar que, al referirme a la Torah en los párrafos anteriores, lo hago en sentido coloquial, de la misma manera que lo hace Pablo en algunos versos de la carta a los Romanos, para citar a la Tanaj, es decir lo que se conoce como Antiguo Testamento.

Por esto, debemos permanecer vigilantes en el conocimiento y estudio de TODA la PALABRA (AT y NT) que es vida a nuestra vida...

Hasta aquí hemos expuesto lo referente a los "Oráculos escritos del Señor"; ahora corresponde el turno a lo que el judaísmo rabínico denomina "Los Oráculos vivos del Señor", estos oráculos son las representaciones o **Ensayos Santos**, hb. ***"Kadosh Miqrah"*** o "**Santas Convocaciones**", también conocidas como "**Las Fiestas del Señor**", celebradas por el pueblo de Israel, de generación en generación como estatuto perpetuo.

Estas Fiestas descritas en el Libro de Levítico capítulo 23 son **sombras proféticas** de la primera y segunda venida del Mesías a la Tierra, de las cosas que cumplió y que cumplirá respectivamente. (Lucas 24:25 ss)

Jesús cumplió en su primera venida (Lucas 24:25-27; 44-48) y cumplirá puntualmente en la segunda, todo lo referente al Mesías de Israel, todo lo que los Oráculos escritos (Torá) habían profetizado acerca de Él; y todo aquello que los Oráculos vivos o ensayos representados por su pueblo (Fiestas de Santa Convocación) aún hoy continúan perfectamente describiendo, a Jesús.

"Y que da el pago en persona al que le aborrece, destruyéndolo; y no se demora con el que le odia, en persona le dará el pago.

Guarda por tanto los mandamientos, estatutos y decretos que yo te mando hoy que cumplas.

Y por haber oído estos decretos y haberlos guardado y puesto por obra, Jehová tu Dios guardará contigo el pacto y la misericordia que juró a tus padres.

Y te amará, y te bendecirá... Bendito será tú más que todos los pueblos"... (Deuteronomio 7: 9-14)

Estas Festividades fueron dadas al pueblo de Israel en el Monte Sinaí (Romanos 3:1-2) pero no son de su exclusividad. Estas Fiestas son propiedad de Dios (de Él, por Él y para Él) y dadas por misericordia, a Israel y a todos los pueblos y para todos los pueblos; porque Pablo dice que, los que son de fe, son hijos de Abraham. (Gálatas 3:7)

Estos preciosos regalos, perlas dadas a la humanidad, sombras o ensayos y su posterior cumplimiento en el Mesías para salvación, son tanto para judíos y para gentiles que crean.

La motivación principal del presente libro es EXALTAR A JESUCRISTO a través de la develación del MISTERIO DEL EVANGELIO EN EL ANTIGUO TESTAMENTO y SU CUMPLIMIETO EN EL NUEVO, para que podamos descubrir y entender la riqueza del conocimiento de Dios, su carácter y amor por la humanidad al estudiar estas preciosas Fiestas.

Escudriñar estas Escrituras traerá amplitud para un entendimiento adecuado acerca del Pacto Eterno, de los tiempos que estamos viviendo y entonces con la capacidad para discernir y así comprender la realidad finita e incapaz del hombre frente al Eterno Dios. Seremos capaces de entender ¿Cuál es nuestra verdadera identidad? ¿Cuáles son aquellas promesas de gloria a que hemos

"Para que el Dios de nuestro Señor Jesucristo, el Padre de gloria, os dé espíritu de sabiduría y de revelación en el conocimiento de Él, alumbrando los ojos de vuestro entendimiento, para que sepáis cuál es la esperanza a que él os ha llamado, y cuáles las riquezas de la gloria de su herencia en los santos, y cuál la supereminente grandeza de su poder Para con nosotros, los que creemos, según la operación del poder de su fuerza"... (Efesios 1:17-19)

"Porque yo sé los pensamientos que tengo acerca de vosotros, dice Jehová, pensamientos de paz, y no de mal, para daros el fin que esperáis.". (Jer 29:11) Planes de amor para una vida eterna.

La cultura occidental fundamentada en diversos pensamientos y corrientes de origen pagano, entre los que podemos destacar la griega y romana, por su injerencia, siendo ellas potencias o imperios mundiales de la antigüedad que, influenciaron las culturas del mundo conocido hasta entonces, y cuya herencia cultural se transmitió de generación en generación, perdurando hasta nuestros días, permeando de esta manera las sociedades actuales por medio de corrientes de pensamiento cuyo objetivo es el perfeccionamiento y maximización del hombre a través de la propia mente y el razonamiento, y el culto al cuerpo; la satisfacción humana, por medio de los placeres, el cultivo de la belleza, las artes, la filosofía y otras que vemos arraigadas y que han pasado de generación en generación hasta adoptarse como propias. De este modo, se levantó una brecha que dificulta o incluso, imposibilita el entendimiento adecuado de las Escrituras (tanto del Antiguo como Nuevos Testamento) por haber perdido las verdaderas raíces (hebreas) y la cosmovisión de este pueblo, en cuyo seno fueron escritas para que sean interpretadas como a través de los ojos de Dios; en la Santidad, sabiduría, conocimiento e inteligencia, a través del carácter y atributos del Gran Yo Soy, de YAHWEH.

Es por esta razón que debemos esforzarnos por dejar de lado toda idea preconcebida y poner nuestros ojos solamente en las **Escrituras y su contexto real**, es decir, tiempo, situación geográfica, cultural, política y religiosa, idioma en la que

Por tal motivo, debemos entender que la Ley (Instrucción) nunca ha dejado de ser, no es ni ha sido obsoleta y nunca jamás fue abolida. Jesús mismo dijo que no venía a abolir la Instrucción (Ley), sino a cumplirla (a enseñar su correcta interpretación y a llevar a cabo la obra salvífica previamente descrita en la Instrucción). El Padre declaró el Pacto que El haría en los últimos días:

Volvamos a nuestra historia:

A la media noche, Dios, con mano poderosa, saca a Israel. Las instrucciones habían sido dadas y ellos debían cumplirlas con exactitud de detalle, (sacrificar un cordero, cubrir con esa sangre los dinteles y postes de puertas y ventanas, cenar vestidos y listos para marcharse llenos de victoria para así, dejar atrás un Egipto herido y sumido en desesperación, muerte y angustia). Esto es fe. La salvación siempre ha sido por fe y para fe.

Faraón enardecido por la muerte de su hijo, va tras los hebreos después de la décima y última plaga en donde mueren todos los primogénitos de Egipto. Moisés y el pueblo se encuentran entre el ejército egipcio y el Mar ¡No hay escape posible! Pero el Santo de Israel, la Columna de Fuego, permanece allí para salvarlos. Por mandato divino, Moisés levanta su vara y las aguas del Mar Rojo se abren para que Israel camine en tierra seca. Pero Faraón y su ejército no corren con la misma suerte; con carretas y caballos, todos se ahogan.

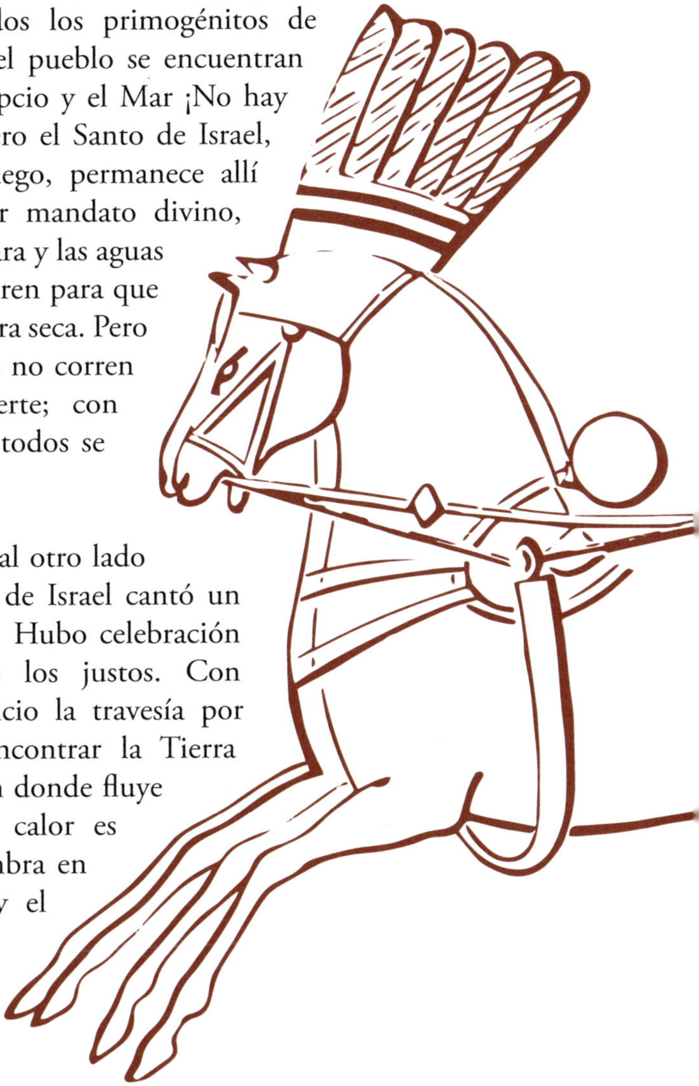

Después de cruzar, al otro lado del Mar, el pueblo de Israel cantó un himno de victoria. Hubo celebración en las tiendas de los justos. Con esta victoria da inicio la travesía por el desierto para encontrar la Tierra Prometida, tierra en donde fluye leche y miel. El calor es intenso, el sol alumbra en toda su plenitud y el pueblo tiene sed.

A pesar de esto, la misericordia del Eterno es grande y les provee de salvación: deberán echar en aquellas aguas una rama de árbol (sombra de la cruz) para que se purifiquen y puedan beber de ellas.

Mesías en carne a la tierra y nuestra salvación a través de su sacrifico; pero además, traza el camino de las cosas que sucederán pronto.

Como vimos con anterioridad, La Ley es Instrucción, es la regulación para el comportamiento del pueblo, y la revelación del Mesías, pero además, anuncia lo que está por venir. Esto es profecía y escatología.

La profecía tiene su cumplimiento en tres tiempos diferentes. Esto es en tiempo inmediato a lo anunciado; a mediano y a largo plazo.

Por consiguiente, aunque ya hemos visto estas profecías cumplirse, en la historia inmediata de Israel y luego en la persona de Jesucristo, veremos que también tienen una implicación para el día de hoy, para su Iglesia y la salvación de ésta y además, lo tendrá para el tiempo futuro. Esta palabra está vigente el día de hoy.

El Mesías cumplió a cabalidad lo que de Él estaba escrito, en el tiempo pre-establecido y señalado; y así mismo, cumplirá lo escrito en la profecía de las cosas que han de suceder pronto (Su retorno, Su Segunda venida) con la misma exactitud y puntualidad. Este tema ocupará nuestro estudio, descubriremos lo ya cumplido y lo por venir (Jeremías 23:7-8) en el plan del Eterno.

Espero causar curiosidad por la develación de estas poderosas y actuales verdades, siempre vigentes, y aún, hoy causan más interés pues nos encontramos en estos "últimos tiempos". Escrito está que debemos permanecer "vigilantes". Atentos a los acontecimientos que están desarrollándose frente a nuestros ojos porque (1Pedro 1:10-12) todas estas cosas fueron administradas para anunciarnos el evangelio y los mismos profetas desearon mirarlos, pero durmieron con esta esperanza. Es a nosotros a quienes nos han sido dadas. Aprovechemos pues, este regalo y echemos manos de él.

LA REBELDÍA DE UN PUEBLO

Como hemos visto, el Señor Dios de Israel siempre ha querido tener una relación estrecha e íntima con su pueblo. El hombre por su lado, en completa rebeldía le ha dado la espalda y ha invalidado Su Pacto. Ha sido desobediente, rechazado con ello su palabra. Se ha quedado adormecido como "quien cree que Dios no recuerda" Su promesa y Su pacto, que no hará como ha determinado, que dilatará y no vendrá... (II Pedro 3:9)

Entre las muchas causas de este alejamiento, podemos sumar el desconocimiento de las raíces hebreas en un muy complicado asunto de historicidad, el estudio del Antiguo Testamento se ha dejado en el olvido. Por un espíritu de confusión no se ha entendido que La Ley, los profetas y los Escritos hablan de Jesús. Nos anuncian nuestra Salvación (YASHUA: **YAH** diminutivo de YAHWEH; **SHUA** salvación, es decir Salvación de YAH) Se nos revela el Evangelio de nuestro Señor Jesucristo. Todo lo que allí se presenta es sombra de nuestro Mesías y Su Plan de Salvación para la Humanidad. (Lucas 24:44)

ENCUENTROS PROGRAMADOS

UN CALENDARIO DIVINO

Dios ha marcado los tiempos y establece fechas en un calendario Divino a fin de que el hombre permanezca en sintonía directa con Él. Esta es su voluntad, para que seamos como los hijos de Isacar, entendidos en los tiempos (I Crónicas 12:32).

Este calendario cuenta al hombre lo que está previamente determinado por Dios, desde antes de la fundación del mundo para la humanidad y toda la creación.

Un calendario que marca los tiempos proféticos y las citas señaladas. Es uno confiable, uno que no se detiene, ni cambia, es exacto, simplemente perfecto. Este calendario cuenta la "Gloria de Dios, su sabiduría, misericordia y amor para con el hombre".

Las 3 razones por la que Dios creó el sol, la luna y las estrellas de acuerdo a Génesis 1:14, es para:

Analicemos algunas diferencias:

El calendario Bíblico que está basado en el ciclo de la luna al rodear la Tierra para marcar los meses; y el ciclo de la Tierra alrededor del sol para marcar los años. Por lo tanto, es un calendario luni-solar.

Mientras que:

El calendario Gregoriano está basado totalmente en el sol. En el calendario Gregoriano se aumenta un día cada 4 años, pero en el calendario Bíblico un mes completo (7 veces en un ciclo de 19 años).

El calendario musulmán, en cambio, está basado totalmente en los ciclos de la luna.

Desde el relato bíblico de la Creación se establece observar el inicio del día a la caída del sol. En Génesis capítulo 1, después de la narración de cada día expresa: " Y fue la tarde y la mañana..." por tanto, en el crepúsculo de la tarde, el pueblo hebreo observa el inicio de un nuevo día y las festividades judías por consiguiente, dan inicio de la misma manera. Estudios arqueológicos han demostrado que en la antigua Babilonia también se señalaba el atardecer como el inicio del nuevo día.

En el calendario hebreo el mes se basa, como ya habíamos mencionado anteriormente, en el ciclo de circunscripción (tiempo de recorrido) de la Luna alrededor de la Tierra. Este ciclo dura aproximadamente 29 días y medio. El ojo humano es capaz de apreciar las diferentes posiciones de este astro alrededor de la tierra.

El principio de mes está marcado en el calendario hebreo por la luna que se observa en el horizonte como una finísima línea curva (silla de la luna) que luego desaparece, algunos minutos después del ocaso. Con el transcurrir de los días, vemos cómo la parte iluminada de ésta crece paulatinamente, siendo cada vez más visible desde la Tierra, hasta llegar a mediados de mes al Plenilunio o Luna Llena. A partir de este momento, empieza a disminuir o menguar el área iluminada, hasta que desaparece por completo de nuestra vista, finalizando con ello, el mes.

Por designio divino, los meses hebreos eran denominados únicamente por su orden numérico, pero después que el pueblo fue llevado cautivo a Babilonia se adoptaron nombres paganos como se conocen hasta el día de hoy. Por la influencia griega y romana, algunos nombres han sufrido cambios.

El año hebreo incluye un ciclo que contempla un número exacto de meses lunares, que por lo general es de 12 meses (año simple) y de 13 meses cuando es año bisiesto, embolismal o preñado. Esto es para completar el tiempo de traslación de la tierra alrededor del Sol. Para tener este año embolismal, se duplica el último mes del calendario, es decir el mes de *Adar.*

El calendario **religioso** dado por Yaweh da inicio el 1º de *Nisán* (marzo-abril) y el calendario **civil** que inicia su cuenta el 1º de *Tishri* (septiembre-octubre). Dios principia la cuenta del calendario religioso en el tiempo de la primavera de Israel, es decir, en el tiempo que marca nuevos inicios, de vida y color. El calendario hebreo está determinado por la agricultura y las cosechas y marca una relación estrecha con las señales proféticas; mientras que el calendario hecho por la sabiduría humana (paganos) inicia su cuenta en el invierno... Cuán alejados están nuestros pensamientos de los suyos...

El Eterno nos ha mandado que observemos su calendario para mantener un conocimiento constante de los tiempos preestablecidos por Él.

La palabra utilizada en el original como **tiempo**, en el versículo anteriormente citado es "***Moed***" que también se traduce como festivales o fiestas. También la encontramos (moed/ pl. moadín) en el texto original de Levítico 23, traducido como Festividades.

El hecho de usar un calendario (**tiempo/ fiesta**) distinto al hebreo hace que perdamos de vista esta señales o mensajes celestiales y el olvidar el AT (**la ley**) es dejar nuestro conocimiento sin fundamento para entender el NT. Vemos como hemos caído en la trampa del enemigo sin darnos cuenta.

ORIGEN DEL CALENDARIO DIVINO

Génesis 1:14 "Dijo luego Dios: Haya lumbreras en la expansión de los cielos para separar el día de la noche; y sirvan de ***señales (hb oth)*** *para las* ***estaciones (moed)****, para días y años"...*

Al examinar el texto original en Génesis 1:14 podemos darnos cuenta que la palabra utilizada para "**señales**" es **Oth** (Strong Hb 226)

Oth, tha :

Señales y en otro sentido aparecimiento, o la señal para su aparecimiento, en sus tiempos previamente señalados o determinados. En otras palabras, son las señales de Dios para su aparecimiento o su venida en el tiempo que Él ha predeterminado. Debemos recordar que Dios Soberano no está sujeto a las limitaciones de tiempo y espacio, por el contrario, en Él están contenidos éstos. *Apocalipsis 13:8...* ***"del Cordero que fue inmolado desde el principio del mudo"****. Salmos 105:26-27*

"Envió a su Siervo Moisés, Y a Aarón, al Cual escogió.

Puso en Ellos las Palabras de Sus ***Señales****, (oth, tiempo predestinado para señal) y Sus prodigios en la tierra de Cam".*

Moed/Moedin Arreglo mediante un acuerdo o cita cuya implicación es permanente en el tiempo, tal y como si se tratara de una boda.

Strongs H4150 Cita, tiempo fijo o estación; específicamente un festival; en consecuencia, una asamblea se une para un propósito definido; técnicamente congregación; por extensión, lugar de reunión. También una señal (como designada de antemano); determinado (señal, tiempo), (lugar de, solemne), asamblea, congregación, (fijar, solemne) festejo (designado, debido), estación, solemne (-idad), sinagogas, (determinado) tiempo (designado).

nunca ha llovido sobre la faz de la tierra, un vapor de agua subía y regaba toda la superficie de ésta (Génesis 2:6). Encontramos la primera lluvia unos capítulos más adelante (Génesis 7:11), en el relato sobre el diluvio.

Dios colocó el sol, la luna y las estrellas en el firmamento para que sepamos cuándo encontrarnos con Él; en las Festividades que Él mismo predeterminó. Estas Festividades son como las agujas de un reloj que van marcando horas, minutos y segundos. Así como en la música, el diapasón marca el tiempo, las Fiestas de Santa Convocación, están marcando ya el compás final... ¡La Segunda Venida del Señor y nuestra pronta reunión con Él!

10 Habla a los hijos de Israel y diles: Cuando hayáis entrado en la tierra que yo os doy, y seguéis su mies, traeréis al sacerdote una gavilla por ***primicia de los primeros frutos*** *de vuestra siega.*

11 Y el sacerdote mecerá la gavilla delante de Jehová, para que seáis aceptos; el día siguiente del ***día de reposo***[c] *la mecerá.*

12 Y el día que ofrezcáis la gavilla, ofreceréis un cordero de un año, sin defecto, en holocausto a Jehová.

13 Su ofrenda será dos décimas de efa de flor de harina amasada con aceite, ofrenda encendida a Jehová en olor gratísimo; y su libación será de vino, la cuarta parte de un hin.

14 No comeréis pan, ni grano tostado, ni espiga fresca, hasta este mismo día, hasta que hayáis ofrecido la ofrenda de vuestro Dios; ***estatuto perpetuo (Juqat Olam)*** *es por vuestras edades en dondequiera que habitéis.*

15 Y contaréis desde el día que sigue al día de reposo,[d] *desde el día en que ofrecisteis la gavilla de la ofrenda mecida; siete* ***semanas*** *cumplidas serán.*

16 Hasta el día siguiente del séptimo día de reposo[e] *contaréis cincuenta días; entonces ofreceréis el nuevo grano a Jehová.*

17 De vuestras habitaciones traeréis dos panes para ofrenda mecida, que serán de dos décimas de efa de flor de harina, cocidos con levadura, como primicias para Jehová.

27 *A los diez días de este mes séptimo será el día de expiación; tendréis santa convocación, y afligiréis vuestras almas, y ofreceréis ofrenda encendida a Jehová.*

28 *Ningún trabajo haréis en este día; porque es día de* ***expiación****, para reconciliaros delante de Jehová vuestro Dios.*

29 *Porque toda persona que no se afligiere en este mismo día, será cortada de su pueblo.*

30 *Y cualquiera persona que hiciere trabajo alguno en este día, yo destruiré a la tal persona de entre su pueblo.*

31 *Ningún trabajo haréis;* ***estatuto perpetuo es por vuestras generaciones*** *en dondequiera que habitéis.*

32 *Día de reposo será a vosotros, y afligiréis vuestras almas, comenzando a los nueve días del mes en la tarde; de tarde a tarde guardaréis vuestro reposo.*

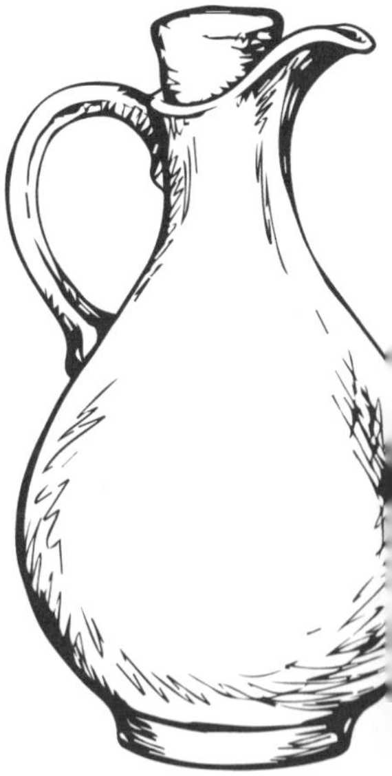

33 *Y habló Jehová a Moisés, diciendo:*

34 *Habla a los hijos de Israel y diles: A los quince días de este mes séptimo será la fiesta solemne de los* ***tabernáculos a Jehová*** *por siete días.*

35 *El primer día habrá santa convocación; ningún trabajo de siervos haréis.*

36 *Siete días ofreceréis ofrenda encendida a Jehová; el octavo día tendréis santa convocación, y ofreceréis ofrenda encendida a Jehová; es fiesta, ningún trabajo de siervos haréis.*

1. **Proclamación**: la palabra hebrea es *carah* cuyo significado es llamar. En el Nuevo Testamento en Mateo 22:2-5 (énfasis v. 3) Romanos 10:17 Así pues, la fe nace de una proclamación, y lo que se proclama es el mensaje cristiano.
2. **Santa Convocación o Convocación** en Hb. *Miqra'arqim* : "Algo que llama", reunión pública, ensayo. Compuesto de dos raíces: *carah*: gritar, recitar, leer en voz alta (la Torah). *Yarah*: enseñar, instruir, dar en el blanco (Jesús); llamar a reunión.

Este versículo explica que estas festividades son ***"del Señor Dios YAHWEH". Proclamadas*** *(anunciadas) para* ***santas*** *(apartadas* ***convocaciones*** *(reuniones) para Él, en determinado* ***tiempo*** *(Moed) y* ***lugar (Jerusalén)****, de carácter* ***Perpetuo (eterno)*** *y deberán celebrarse de acuerdo a las instrucciones estipuladas por Él.*

En otras palabras, Dios está llamando a su pueblo para reunirse con Él, en un tiempo, lugar y forma exactamente determinada por Él. ¡Es una cita divina!

Siete son las festividades Santas a YAHWEH.

El número 7 habla de perfección (plenitud, completo). Dios tiene un plan perfecto para la redención de la humanidad. De igual manera que la creación fue hecha por Elohim en 7 días, la redención del hombre se concluirá en 7 ciclos.

Estas festividades son sombras o ensayos generales que apuntan a Jesús y esta redención. Las Festividades nos narran el Evangelio. Señalan

Shabat es figura de nuestro reposo en Cristo, una salvación por gracia, en donde hemos reposado de nuestras obras (Hebreos 4) y una sombra del reposo en el reino milenial, por eso es un día de deleite y delicia (Isaías 58:13-14). Esta es una señal del pacto del Eterno con nosotros hasta nuestros días (Éxodo 31:13)

SHABATON

Todos los días de santa convocación ordenados por Dios (Leb 23), tienen en común dos premisas:

1. Son perpetuos
2. Son de reposo

NOMBRES HEBREOS PARA LAS FIESTAS SANTAS

Pascua  **Pesaj**

Panes sin levadura  **HaMatzot**

Primicia de los Primeros Frutos  **Bikurim**

Semanas

(Hb.) Shavuot
(Gr.) Pentecostés

ORDEN CRONOLÓGICO DE LAS FIESTAS

El orden cronológico es impresionantemente exacto y está establecido en el calendario religioso hebreo para la conmemoración de las festividades de acuerdo a Levítico 23:

1er. MES
PRIMAVERA

- **Pascua *(Pesaj)***
- **Panes sin Levadura *(HaMatzot)***
- **Primicia de los Primeros Frutos *(Bikurim)***

3er. MES
VERANO

- **Pentecostés *(Shavuot, Fiesta de Semanas)***

7mo. MES
OTOÑO

Séptimo Mes: Trompetas *(Rosh Terúah)*
Expiación *(Yom Kipur)*
Tabernáculos (Sucot)

PRIMAVERA
Primera Venida del Mesías

Fiesta	Cumplimiento
Pesaj (Pascua)	*Muerte del Mesías*
HaMatzot (Panes sin levadura)	*Entierro del Mesías*
Bikurim (Primicias de los Primeros Frutos)	*Resurrección*
Shavuot (Semanas o Pentecostés)	*Venida del Espíritu Santo*

LAS FIESTAS DEL ETERNO Y SU CUMPLIMIENTO EN EL MESÍAS

En Levítico 23: (v. 14, 21,31 y 41) se repite cuatro veces la palabra "perpetuo" acentuando el carácter de estas Santas Convocaciones. La palabra hebrea utilizada en el original y traducida como **perpetuo** es ***Olam*** y significa "para siempre", "por todos los ciclos, por toda la eternidad". Entendiendo que *El Olam* quiere decir una eternidad por ciclos. Lo que es, fue y volverá a ser. No hay nada nuevo debajo del sol. Pero a este término se le ha antepuesto la palabra juqat y esto quiere decir, en el secreto de Dios. La carta de los hebreos dice entonces, acerca de esto, que las cosas estaban así dispuestas hasta que fueran modificadas (Heb. 9:10).
Es importante aclarar que al referirnos a las Fiestas Santas utilizamos el término "conmemoración" pues son un "recordatorio" y no una celebración.

Por mandato divino, estas Festividades no deben cesar de conmemorarse. El Señor las estableció como estatuto "Perpetuo" o "eterno", es decir, "Por siempre". Si lo hubiera requerido de otra forma, Dios mismo habría dejado establecida la fecha de caducidad de las mismas, probablemente con algún acontecimiento determinado, que bien podría haber sido "la venida de Jesús y su muerte en la cruz".

De ser así el texto de Levítico se leería de la siguiente manera:

14 *"No comeréis pan, ni grano tostado, ni espiga fresca, hasta este mismo día, hasta que hayáis ofrecido la ofrenda de vuestro Dios;* ***estatuto perpetuo*** *es por vuestras edades en dondequiera que habitéis...* Hasta que Jesús venga a la tierra, sea crucificado, enterrado y resucite"...

...o quizá en este otro versículo:

31 *"Ningún trabajo haréis; estatuto perpetuo es por vuestras generaciones en dondequiera que habitéis"...* Hasta la revuelta del año 70 DC...

Dios, DESEA QUE NADIE SE PIERDA, y estableció estas conmemoraciones como recuerdo y testimonio eterno, a fin de que permanezca señalada la obra salvífica de Jesús para ARREPENTIMEINTO.

Los apóstoles se refieren así a estas Santas Convocaciones:

Hechos 2:1 "de Cuando Llego el Día de Pentecostés, Estaban Todos Unánimes juntos".

Hechos 20:6 "Y nosotros, pasados los días de los panes sin levadura, navegamos de Filipos, y en cinco días"….

1Corintios 16:8 "Pero estaré en Éfeso hasta el Pentecostés"

En el libro de Zacarías se describe cómo en tiempos futuros (escatológicos), los pueblos harán *aliyá* (subir a Jerusalén) para celebrar dichas fiestas

Zacarías 14:16-19

16 *"Y todos los que sobrevivieren de las naciones que vinieron contra Jerusalén,* ***subirán de año en año para adorar al Rey****, a Jehová de los ejércitos,* ***y a celebrar la fiesta de los tabernáculos****.*

17 *Y acontecerá que los de las familias de la tierra que no subieren a Jerusalén para adorar al Rey, Jehová de los ejércitos, no vendrá sobre ellos lluvia.*

18 *Y si la familia de Egipto no subiere y no viniere, sobre ellos no habrá lluvia; vendrá la plaga con que Jehová herirá las naciones que no subieren a celebrar la fiesta de los tabernáculos.*

19 *Esta será la pena del pecado de Egipto, y del pecado de todas las naciones que no subieren para celebrar la fiesta de los tabernáculos"*

Como Israel fue libertado de la esclavitud, también nosotros fuimos rescatados de nuestra vana manera de vivir, éramos esclavos del pecado, teníamos enemistad para con Dios, estábamos bajo la potestad de satanás, alejados de los pactos y de las promesas, sin esperanza y sin Dios, pero cuando por Su amor y misericordia le agradó, fuimos llamados y trasladados del reino de las tinieblas al Reino de Su Luz Admirable. Y gracias a este tremendo sacrificio de redención nos limpió y nos hizo aceptos en Jesús, haciendo la paz con Dios y dándonos la potestad de ser hechos hijos y herederos. Co-herederos con Cristo. Sus Palabras son nuestras promesas y un día seremos transformados, glorificados y reinaremos con Él.

Éxodo 12 PESAJ

12 *"Habló Jehová a Moisés y a Aarón*
en la tierra de Egipto, diciendo:

2 *Este mes os* ***será principio de los meses****; para vosotros será éste el primero en los meses del año.*

3 *Hablad a toda la congregación de Israel, diciendo: En el* ***diez de este mes*** *tómese cada uno un cordero según las familias de los padres, un cordero por familia.*

4 *Mas si la familia fuere tan pequeña que no baste para comer el cordero, entonces él y su vecino inmediato a su casa tomarán uno según el número de las personas; conforme al comer de cada hombre, haréis la cuenta sobre el cordero.*

5 *El animal será sin defecto, macho de un año; lo tomaréis de las ovejas o de las cabras.*

6 *Y lo guardaréis hasta el día catorce de este mes, y lo inmolará toda la congregación del pueblo de Israel entre las dos tardes.*

7 *Y tomarán de la sangre, y la pondrán en los dos postes y en el dintel de las casas en que lo han de comer.*

8 *Y aquella noche comerán la carne asada al fuego, y panes sin levadura; con hierbas amargas lo comerán.*

9 *Ninguna cosa comeréis de él cruda, ni cocida en agua, sino asada al fuego; su cabeza con sus pies y sus entrañas.*
10 *Ninguna cosa dejaréis de él hasta la mañana; y lo que quedare hasta la mañana, lo quemaréis en el fuego.*

11 *Y lo comeréis así: ceñidos vuestros lomos, vuestro calzado en vuestros pies, y vuestro bordón en vuestra mano; y lo comeréis apresuradamente; es la Pascua de Jehová.*

21 *Y Moisés convocó a todos los ancianos de Israel, y les dijo: Sacad y tomaos corderos por vuestras familias, y sacrificad la pascua.*

22 *Y tomad un manojo de hisopo, y mojadlo en la sangre que estará en un lebrillo, y untad el dintel y los dos postes con la sangre que estará en el lebrillo; y ninguno de vosotros salga de las puertas de su casa hasta la mañana.*

23 *Porque Jehová pasará hiriendo a los egipcios; y cuando vea la sangre en el dintel y en los dos postes, pasará Jehová aquella puerta, y no dejará entrar al heridor en vuestras casas para herir.*

24 *Guardaréis esto por estatuto para vosotros y para vuestros hijos* ***para siempre.***

25 *Y cuando entréis en la tierra que Jehová os dará, como prometió, guardaréis este rito.*

26 *Y cuando os dijeren vuestros hijos: ¿Qué es este rito vuestro?,*

27 *vosotros responderéis: Es la víctima de la pascua de*

Muerte de los primogénitos

29 *Y aconteció que a* **la medianoche** *Jehová hirió a todo primogénito en la tierra de Egipto, desde el primogénito de Faraón que se sentaba sobre su trono hasta el primogénito del cautivo que estaba en la cárcel, y todo primogénito de los animales.*

30 *Y se levantó aquella noche Faraón, él y todos sus siervos, y todos los egipcios; y hubo un gran clamor en Egipto, porque no había casa donde no hubiese un muerto.*

31 *E hizo llamar a Moisés y a Aarón de noche, y les dijo: Salid de en medio de mi pueblo vosotros y los hijos de Israel, e id, servid a Jehová, como habéis dicho.*

32 *Tomad también vuestras ovejas y vuestras vacas, como habéis dicho, e idos; y bendecidme también a mí.*

33 *Y los egipcios apremiaban al pueblo, dándose prisa a echarlos de la tierra; porque decían: Todos somos muertos.*

34 *Y llevó el pueblo su masa antes que se leudase, sus masas envueltas en sus sábanas sobre sus hombros.*

35 *E hicieron los hijos de Israel conforme al mandamiento de Moisés, pidiendo de los egipcios alhajas de plata, y de oro, y vestidos.*

36 *Y Jehová dio gracia al pueblo delante de los egipcios, y les dieron cuanto pedían; así despojaron a los egipcios.*

47 Toda la congregación de Israel lo hará.

48 Mas si algún extranjero morare contigo, y quisiere celebrar la pascua para Jehová, séale circuncidado todo varón, y entonces la celebrará, y será como uno de vuestra nación; pero ningún incircunciso comerá de ella.

49 La misma ley será para el natural, y para el extranjero que habitare entre vosotros.

50 Así lo hicieron todos los hijos de Israel; como mandó Jehová a Moisés y a Aarón, así lo hicieron.

51 Y en aquel mismo día sacó Jehová a los hijos de Israel de la tierra de Egipto por sus ejércitos".

3 "Hablad a toda la congregación de Israel, diciendo: En el diez de este mes tómese cada uno un cordero según las familias de los padres, un cordero por familia.

21 Y Moisés convocó a todos los ancianos de Israel, y les dijo: Sacad y tomaos corderos por vuestras familias, y sacrificad la pascua".

El día 10 de Nissan se debía escoger un corderito para el sacrificio a fin de observarlo por el espacio de 4 días y así comprobar que no tuviera mancha ni defecto.

El cordero pascual debía ser de un año de edad, sin defecto alguno simbolizando la primogenitura.

El primer hombre pecó, Yeshúa hombre debía morir para pagar o expiar ese pecado. Romanos. 5:12,17-19.
Derramando su sangre. 1pedro 1:19-20
Por todos los que por medio de la fe somos redimidos. Así pues, Yeshúa es nuestra Pascua. 1Corintios 5:7.
Jesús tal y como lo había profetizado el profeta Zacarías 9:9 entró el día 10 a Jerusalén subió al Templo y estuvo en escrutinio por espacio de cuatro días requeridos por la Ley. Mateo 21:9-12, 26:1-5
¿Quiénes examinaron a Jesús?

1. El Sumo Sacerdote y los Ancianos, Mateo 21:23
2. Pilato. Mateo 27:1-2; 11-14; Lc. 23:13-16
3. Herodes. Lucas 23:6-12
4. Anás el Sumo Sacerdote (Cohen HaGadol)
   Juan 18:13,24
5. Caifás, Sumo Sacerdote Juan 11:49-53; 18:13-14,19-24,28
6. La multitud(judíos) Mateo 27:17-26
7. Los gentiles Mateo 20:19; Lc. 18:32
8. Judas el traidor. Mateo 27:3-10
9. Centurión. Mateo 27:54
10. El ladrón Lucas 23:39-43

6 **"Y lo guardaréis hasta el día catorce de este mes, y lo inmolará toda la congregación del pueblo de Israel entre las dos tardes".**

De acuerdo a las Escrituras, el cordero debía ser sacrificado entre las dos tardes del día 14. Para entender qué quiere decir esto, debemos aclarar qué es un día judío. En el capítulo 1 de Génesis vemos que Dios inicia cada día, al caer la tarde y luego la mañana (Génesis 1:3). Por consiguiente, el día judío da inicio cuando aparecen en el cielo los dos primeros luceros; esto es aproximadamente a las 6:00 pm y concluye a las 6:00 pm del siguiente. Este día se divide en dos períodos de 12 horas, que a su vez se subdividen en períodos más pequeños. De 6:00 am a 12:00 am se considera como "la mañana del día". De medio día a las 6:00 se le considera como la tarde del día. La primera tarde se cuenta cuando el sol empieza a caer, es decir después de las 12:01 y la segunda tarde es cuando se consumaba la puesta del sol. Entonces "entre las dos tardes" sería el equivalente para nosotros a las 3:00 pm (hora novena del día judío, que se cuenta a partir de las 6:00 am) Cuando se sacrificaba el cordero y posteriormente era asado con las hierbas amargas, y su sangre rociada en las puertas para ser comido por todos los miembros de la familia. El cuerpo y la sangre del cordero son sombras del cuerpo y la sangre de Yeshúa (Mateo 26:26-28)	Entre las dos tardes quiere decir exactamente a las 3:00 pm.

13 Y la sangre os será por señal en las casas donde vosotros estéis; y veré la sangre y pasaré de vosotros, y no habrá en vosotros plaga de mortandad cuando hiera la tierra de Egipto.

22 Y tomad un manojo de hisopo, y mojadlo en la sangre que estará en un lebrillo, y untad el dintel y los dos postes con la sangre que estará en el lebrillo; y ninguno de vosotros salga de las puertas de su casa hasta la mañana".

23 "Porque Jehová pasará hiriendo a los egipcios; y cuando vea la sangre en el dintel y en los dos postes, pasará Jehová aquella puerta, y no dejará entrar al heridor en vuestras casas para herir"

8 **"Y aquella noche comerán la carne asada al fuego, y panes sin levadura; con hierbas amargas lo comerán**

9 **Ninguna cosa comeréis de él cruda, ni cocida en agua, sino asada al fuego; su cabeza con sus pies y sus entrañas.**

10 **Ninguna cosa dejaréis de él hasta la mañana; y lo que quedare hasta la mañana, lo quemaréis en el fuego".**

El Cordero debía ser cocinado a fuego, No hervido ni cocido, sino asado.	*El fuego es figura del juicio que Yeshúa debió pagar a causa de nuestras transgresiones. El fue afligido, condenado y murió en un solo día*
No dejar absolutamente nada de él, y la cabeza y los pies que quedaren debía ser consumido por el fuego.	*Lo que… simbolizando tomar una nueva manera de pensar y de caminar. (Fue más fácil sacar al pueblo de Israel de Egipto; que a Egipto de la cabeza del Pueblo de Israel) Romanos 12:2 , 6:4 ; I Corintios 2:16 ; Gálatas 5:16; Efesios 4:23 ; Colosenses 1:10; I Tesalonicenses 4:1 Hebreos 8:10*

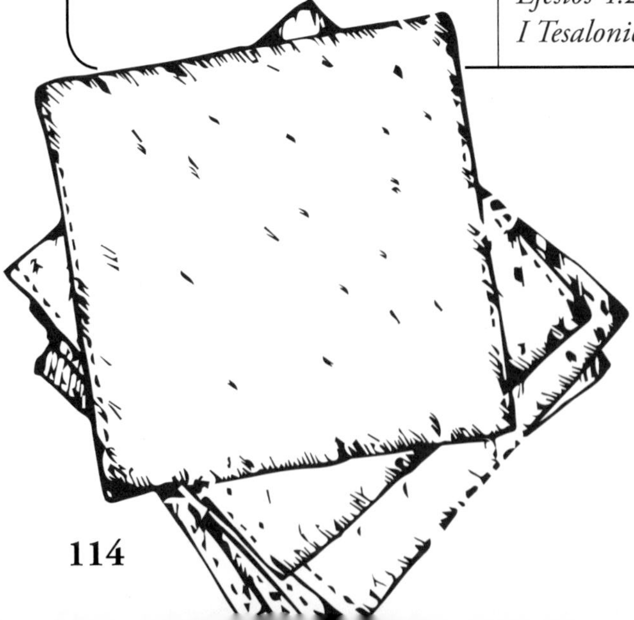

12 "Pues yo pasaré aquella noche por la tierra de Egipto, y heriré a todo primogénito en la tierra de Egipto, así de los hombres como de las bestias; y ejecutaré mis juicios en todos los dioses de Egipto. Yo Jehová.

13 Y aconteció que a la medianoche Jehová hirió a todo primogénito en la tierra de Egipto, desde el primogénito de Faraón que se sentaba sobre su trono hasta el primogénito del cautivo que estaba en la cárcel, y todo primogénito de los animales.

42 Es noche de guardar para Jehová, por haberlos sacado en ella de la tierra de Egipto. Esta noche deben guardarla para Jehová todos los hijos de Israel en sus generaciones".

El sacrificio del cordero debía llevarse a cabo a la hora novena y la cena a partir de la caída del Sol hasta la media noche. La Noche de La Pascua era llamada "La Noche de las Vigilias" porque esa noche Dios Mismo vigila y protege a su pueblo	De la misma manera que el sol desciende a la tierra en el ocaso, nuestro Mesías descendió para ser sepultado, más la muerte no lo pudo retener y al tercer día resucitó. Yeshúa el sol de justicia (Malaquías 4:2) . El sol es figura de Cristo Jesús

14 "Y este día os será en memoria, y lo celebraréis como fiesta solemne para Jehová durante vuestras generaciones; por estatuto perpetuo lo celebraréis".

Ya con anterioridad hemos hablado acerca del estatuto de perpetuidad y la importancia de dicha conmemoración o recuerdo, esto es, Juqat Olam	Lucas 22:1, 7-8, 13

Primeramente, podemos decir que, esta tierra que Jehová promete a su pueblo es figura del reino celestial, donde hemos de pasar la eternidad junto a Él.
Es muy importante resaltar que el Eterno dio una *mitzvá* (mandamiento) que este día fuera para memoria.
Él se recuerda del hombre y el hombre debe recordarse de Él. Pero, además les manda que recuerden que "Fueron extraños en tierra de Egipto",
"Que Yaweh los sacó con mano poderosa de la esclavitud".
v. 27 *"la víctima de la pascua de Jehová"* vemos otra sombra de lo que ya con anterioridad nos había anunciado también Abraham iba a sacrificar a Isaac (Génesis 22:13-14) Este cordero trabado en el zarzal fue el cordero "sustituto".

A nadie le pareció importante "el recordar" y explicar a los niños. Fue este simple acto de obediencia que, sin darse cuenta los comprometió con la memoria de Nación, memoria de creencia y de culto, de identidad y de unidad.
Este mandamiento no es un capricho o una idea al azar, sino que forma parte de un plan creado por Él, que daría fruto miles de años más tarde con la creación del Estado de Israel. Ninguna otra nación a lo largo de la historia ha logrado mantener su identidad, revivir una lengua muerta, protegerse de múltiples ataques de enemigos, además ser fructífera como ninguna otra y contribuir con la humanidad en la cantidad de avances científicos y tecnológicos de la manera que el pueblo de Israel lo ha hecho.
El asombroso hacer un listado de la cantidad de premios Nobel, la cantidad y calidad de inventos a favor de la humanidad, las contribuciones y apoyo a otras naciones en ciencia y tecnología, etc.

16 "El primer día habrá santa convocación, y asimismo en el séptimo día tendréis una santa convocación; ninguna obra se hará en ellos, excepto solamente que preparéis lo que cada cual haya de comer".

19 "Por siete días no se hallará levadura en vuestras casas; porque cualquiera que comiere leudado, así extranjero como natural del país, será cortado de la congregación de Israel.

20 Ninguna cosa leudada comeréis; en todas vuestras habitaciones comeréis panes sin levadura".

La levadura es figura del pecado. I Corintios 5:6-8; Gálatas 5:9

44 "Más todo siervo humano comprado por dinero comerá de ella, después que lo hubieres circuncidado".

Ahora, pues, Israel, ¿qué pide Jehová tu Dios de ti, sino que temas a Jehová tú Dios, que andes en todos sus caminos, y que lo ames, y sirvas a Jehová tu Dios con todo tu corazón y con toda tu alma: que guardes los mandamientos de Jehová y sus estatutos, que yo te prescribo hoy, para tengas prosperidad?
He aquí, de Jehová tu Dios son los cielos, y los cielos de los cielos la tierra y todas las cosas que en ella hay. Solamente de tus padres se agradó Jehová para amarlos, y escogió su descendencia después de ellos, a vosotros, de entre todos los pueblos, como en este día.
Circuncidad, pues, el prepucio de vuestro corazón y no endurezcáis más vuestra cerviz.
Deuteronomio 10:12-16

La circuncisión era una figura que apuntaba a un pacto aún más alto; a la circuncisión del corazón. Dios desea un pueblo santo, apartado para Él.

Romanos 2: 28-29; I Corintios 7:19; 6:15; Efesios 2:11-13

46 "Se comerá en una casa, y no llevarás de aquella carne fuera de ella, ni quebraréis hueso suyo".

SÉDER DE PESAJ

En el año 70 DC, Tito sitió e invadió Jerusalén, destruyendo el Templo y la ciudad por completo. El Sacerdote levita Sadoc y sus hijos fueron asesinados, dando con ello, término al Servicio religioso en el Santo Templo. Con esto se vieron detenidos los ensayos o sombras proféticas de las cosas que Dios avisaba estaban por venir (Fiestas Santas). Por tal razón se introducen las tradiciones (Halajá) que hacen memoria de todas las observancias que ya no podían llevarse a cabo para mantener vivas dichas señales conforme a las escazas posibilidades y situación del pueblo.

Como leímos anteriormente, *Pesaj* es una fiesta familiar y cada familia está mandada a conmemorarla en su propia casa.

Séder es el término hebreo que se utiliza para designar "orden".

Aplicado a la celebración de *Pesaj*, se dice que el *Séder* es el orden en que están dispuestas las oraciones, los cantos, lecturas y cena, esto de acuerdo a la tradición hebrea o Halajá. La Torá solamente indica que se asará el cordero, y se acompañará la cena con hiervas amrgas y panes sin levadura.

El Céder se estipula de acuerdo al *Hagadá* (texto en donde se narra la salida del pueblo de Egipto).

Elementos del *Séder* de *Pesaj*

Como indiqué con anticipación, elementos culturales fueron agregados al Séder; pero en su sentido estricto al cumplimiento Bíblico solo contempla los elementos 1, 2 y 5. Posteriormente Jesús, avaló la integración del vino según la costumbre farisea. Lucas 22:14 ss

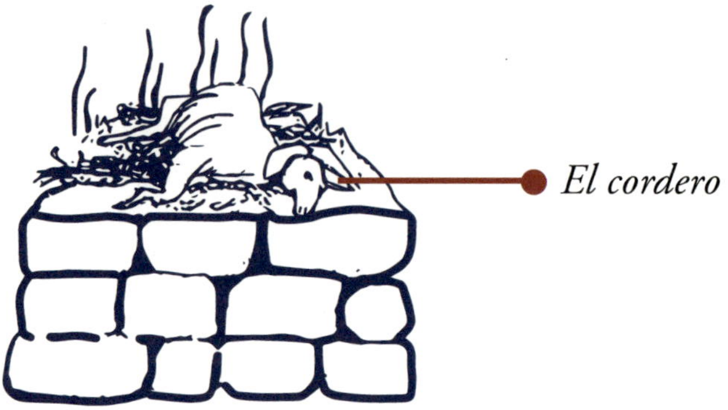

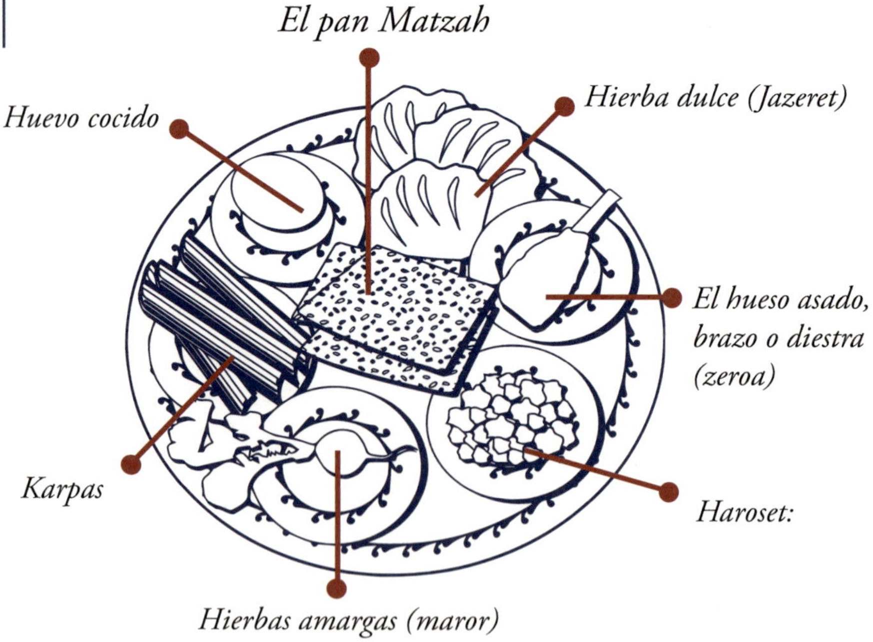

2. **El cordero** Éxodo 12:3

Examinado por espacio de 4 días (a partir del día 10 de *Nisán*), sacrificado el primer día de la Pascua el día 14 representaba el sacrificio de una víctima inocente y sustituta con cuya sangre se rociaron los postes y dinteles de las puertas, como señal del precio pagado por quienes habitaban en ese lugar para que el devorador no entrara.

El cordero pascual debía ser puro, sin mancha ni defecto. Asado a fuego directo, como representación del juicio y el sufrimiento que Jesús, víctima inocente y sustituta, tomaría por nosotros para pagar con su muerte el precio por nuestra vida, pues escrito está: "la paga del pecado es muerte más la dádiva de Dios es vida"...

Jesús, el Hijo de Dios, semejante en todo a nosotros, pero sin pecado (Hebreos 4:15) sacrificado a favor nuestro como sacrificio sustituto.

Examinado a partir del día 10 de *Nisán*, retenido por espacio de 4 días. Para que se cumpliese lo escrito acerca de Él. Jesús tomó el lugar del cordero pascual. Él es el Cordero de Dios que entró a Jerusalén profetizado en el libro de Zacarías 9:9

Estos 4 días de escrutinio representan los 4 milenios que la humanidad aún no le conocía corporalmente.

"Él es el Cordero puro, perfecto y sin mancha que quita el pecado del mundo". Juan 12: 1-2, 12-16

Cuando el corderito era llevado al Templo para ser sacrificado, se entonaba *El Hallel* (Salmo) que era un canto profético de lo que Jesús cumpliría, en el momento y lugar precisos. Lucas 22:1-2-2

3. **Huevo cocido (*beitsa*** es opcional)

Por no ser mencionada en el texto Bíblico algunos no lo incluyen en el *Séder* de *Pesaj*. Representa la ofrenda de paz voluntaria. Se denomina *"haguiga"* y se ofrecía al día siguiente de la pascua.

8. ***Karpas:***
Se utiliza perejil o apio remojado en agua con sal en representación del hisopo para aplicar la sangre y es un símbolo de la promesa de vida eterna.

9. **Las Copas y el Vino:**
La tradición de beber estas copas en el Séder de Pésaj es de origen fariseo, asentada aproximadamente unos doscientos años antes de Cristo, pero revestido con un tinte eminentemente profético y escatológico que Jesús mismo explica.

Yeshúa dijo: *"Yo soy la Vid verdadera"*
Juan 15:1

Las 4 Copas basado en Éxodo 6:6-7 Dando un sentido de recordatorio pero a la vez, como anuncio para los eventos posteriores, a los verbos que se leen en esta porción

6 *"Por Tanto, dirás a los Hijos de Israel: Yo soy YAHWEH; y yo os* ***sacaré*** *de debajo de las tareas pesadas de Egipto, y os* ***libraré*** *de su servidumbre, y os* ***redimiré*** *con Brazo Extendido, y con juicios Grandes;*

7 *y os* ***tomaré*** *por mi pueblo y seré vuestro Dios; y vosotros sabréis que yo soy YAHWEH vuestro Dios, Que os saco de debajo de las Tareas Pesadas de Egipto".*

1. **Copa *Kaddesh* (de Santificación):**
Yo os ***sacaré*** *de debajo de las pesadas tareas de Egipto Ex 4:22-23*

Dios respondió al clamor del pueblo, enviando un libertador. Pero los separó, "los santificó para sí" estando aún en Egipto los apartó pues deseaba un pueblo para Él

De igual manera, Dios nos saca de tierra de Egipto (del mundo y el pecado) porque no podemos servir a dos amos. Yeshúa dijo: *"No te pido que los quites del mundo, sino que los apartes del mal".*

5. **Copa de Elías:**

Esta linda tradición de las "Copas de Redención" forman parte de la Halaja hebrea, que también a manera de una hermosa sombra profética, nos habla de la redención de Israel. Conviene señalar que las 4 anteriores obedecen a los verbos os "sacaré", "os salvaré", "os libraré" y "os tomaré" (Éxodo 6:6-7). Los antiguos sabios encontraron que hay además, otra expresión que es relativa a esta redención pero que no tiene relación directa con la salida de Egipto: "Y os traeré a vosotros a la tierra "Por esta razón, solamente se llena esta quinta copa pero no se bebe. De acuerdo con la tradición, se beberá hasta que venga el profeta Elías nuevamente.

A luz del Evangelio podemos entender que los primeros verbos, representados en las 4 primeras copas, se refieren a la Primera Venida de Jesucristo y la quinta y última a su regreso y nuestra tan anhelada redención final.

Esta copa es también parte de la tradición. Los niños abren la puerta de ingreso a la casa en espera del regreso del profeta Elías, quien en alguna celebración de Pascua regresará para anunciar la venida del Mesías.

El *Matzah tosh* y la bolsa *Afikomen*

La palabra *afikoma* gr. Significa **postre** porque viene después de la comida y quiere decir literalmente, *"el que viene después" o "el que viene otra vez"*.

En el *Séder* de *Pesaj* se tiene preparada una bolsa de lino blanco. Esta bolsa está hecha con tres compartimentos separados. En cada compartimento se coloca una pieza de *matzah* o pan ácimo, es decir, sin levadura.

El cumplimiento exacto y puntual de la Profecía Mesiánica Bíblica es una de las pruebas más contundentes y convincentes de que Jesús es, sin lugar a dudas, el Mesías anunciado y, además, que la Biblia, efectivamente fue escrita por un Ser Superior cuya sabiduría y conocimiento son insondables y estas son efectivamente el *Devarim* de *Elohim* (Palabras de Dios).

Asombrosamente, estas profecías fueron escritas cientos y hasta miles de años antes del nacimiento de Yeshúa. Pero tal y como dice en el libro de Hechos de los Apóstoles: *"Pero Dios ha cumplido así lo que había antes anunciado por boca de* ***todos*** *sus profetas" (Hechos 3:18, Hebreos 1:1)*

El apóstol Pablo lo confirma de la siguiente manera: "Cristo murió por nuestros pecados, conforme a las Escrituras, y que fue sepultado, y que resucitó al tercer día, conforme a las ***Escrituras****" (I Corintios 15:3-4) Recordemos* que las Escrituras a las que se refiere son el Antiguo Testamento.

*El día 15 da inicio la **Fiesta de Panes sin levadura**, llamada en hebreo **HaMatzot**. Se llevará a cabo por espacio de 7 días (del 15 al 21 de Nisán). El día 15 y el 21 son Gran Shabat o **Shabaton**, (día que se conmemora de la misma manera que un shabat de días, séptimo o regular, pero que puede caer en cualquier día de la semana). Estos son de suma importancia por ser los primeros del año.*

*Al día siguiente del **Día de Reposo,** o **Shabat regular**, de la semana de **Los Panes sin Levadura,** el Sacerdote debía traer una gavilla (conjunto de espigas) de la siega por **"Primicia de los Primeros Frutos"** o **Bikurim** para mecerla delante de Yahweh a fin de "ser aceptos" delante de Él, según lo ordenado en Levítico 23:9-11.*

Este día se comienza la **cuenta del** ***Omer*** *que son 50 días a partir de Bikurim llegando al primer día de la semana después de 7 sábados regulares; entonces es cuando se conmemora la **Fiesta de Semanas, Shavuot** (Hb,) o Pentecostés (Gr.) que significa 50.*

Jesús declara que "para el día de su sepultura ha guardado esto porque no siempre lo tendrán entre ellos". Jesús está por cumplir la profecía.

En el AT Dios instruye a Moisés para ungir al Sumo Sacerdote Aarón y a sus hijos a fin de consagrarlos en el servicio levita. Todo esto es sombra de lo que habría de cumplirse en Jesús pues Él es el **Sumo Sacerdote según el orden de Melquisedec** *(Hebreos 6:20) que sirve en el Altar y quien fue ungido con el Espíritu Santo en el bautismo; quien también es la ofrenda de expiación por los pecados según Hebreos 1:3 "…* **Jesús habiendo efectuado** *la purificación de nuestros pecados por* **medio de sí mismo…**" *Él es el Sumo Sacerdote ungido y la ofrenda sin pecado para expiación.*

"¿Quién subirá al monte de Jehová?
¿Y quién estará en su lugar santo?
4 ***El limpio de manos y puro de corazón;***
El que no ha elevado su alma a cosas vanas,
Ni jurado con engaño". Sal 24:3.4

Esto será cuando vuelva en gloria y poder, como "Mesías Rey", como Yeshúa Ben David o el hijo de David. Entonces vendrá para juzgar y pelear con justicia. Jesús es **El Cordero de Dios que** quita el pecado del mundo pero que no se nos olvide que también es El **León de la Tribu de Judá** que venció.

Para continuar con nuestro relato, imaginemos ahora la cantidad de personas que han subido a Jerusalén, debió ser muchísima a causa de Las Festividades pues son Santas Convocaciones, es decir que nadie podía dejar de asistir. Las calles están abarrotadas mientras los *Cohanim* esperan al *Cohen Gadol* (Sumo Sacerdote) que regrese con el corderito para el sacrificio.

Las personas que habían escuchado de Jesús sabían que venía a Jerusalén y salían a recibirle con ramas de palmera en sus manos y gritaban a lo largo de todo el trayecto *"¡Hoshiana! ¡Bendito el que viene en nombre del Señor, el Rey de Israel!". ¡Yeshúa es el Cordero que viene en el Nombre del Señor!*

"Están gritando y repitiendo lo mismo que han hecho año con año, previamente sin ningún entendimiento, pero esta vez ya no es igual, no es solamente un mero ensayo. Ante ellos se está cumpliendo lo descrito y anunciado por Dios mediante sus profetas. El ensayo que se ha llevado a cabo una y otra vez por miles de años está siendo cumplido ante sus ojos. Este es el día que el verdadero Cordero Pascual, quien nació en los rediles de la ciudad de Belén Efrata, hace 33 años está entrando, como estaba profetizado, el día 10 de *Nisán* para ser examinado y declarado Perfecto".

Y él se comprometió, y buscaba una oportunidad para entregárselo a espaldas del pueblo.

Llegó el día de los panes sin levadura, en el cual era necesario sacrificar el cordero de la pascua.

Y Jesús envió a Pedro y a Juan, diciendo: Id, preparadnos la pascua para que la comamos.

Ellos le dijeron: ¿Dónde quieres que la preparemos?

Él les dijo: He aquí, al entrar en la ciudad os saldrá al encuentro un hombre que lleva un cántaro de agua; seguidle hasta la casa donde entrare,

y decid al padre de familia de esa casa: El Maestro te dice: ¿Dónde está el aposento donde he de comer la pascua con mis discípulos?

Entonces ellos comenzaron a discutir entre sí, quién de ellos sería el que había de hacer esto".

(Mateo 26:17-29; Marcos 14:12-25; Juan 13:21-30; 1 Corintios 11:23-26)

Jesús bendice el pan y el vino, estableciendo con ello, la conmemoración como recordatorio de su sacrificio en la cruz para la redención humana y como anuncio de su segunda venida.

Jesús sabe que su hora ha llegado y se dirige a orar intensamente a Getsemaní (que quiere decir lugar de aceite o de unción) para que todo se cumpla.

Con un beso, el Hijo de Dios es traicionado, entregado y apresado (Lucas 22:47-53). De acuerdo al relato de los Evangelios, Jesús es llevado de un lugar a otro (Caifás, Pilato, sacerdotes, etc.) para ser examinado por todos los dirigentes religiosos de Israel y por las autoridades romanas con el único fin de encontrar alguna causa para matarlo, algún defecto o falta en Él. Pero no encuentran falla alguna (Lucas 23:4, 14-15)

Para que todo se cumpliese y de acuerdo a la tradición judía, durante la Fiesta de *Pesaj*, el gobernador deja en libertad a un reo. Pilato permite que el pueblo decida a quien soltar, si a Jesús o a Barrabás. El pueblo deja en libertad a Barrabás.

Los Evangelios dicen que Jesús es entregado a los gentiles (Lucas 18:32)

Juan 19:16 "Así que entonces lo entregó a ellos para que fuese crucificado; Tomaron, pues, a Jesús, y le llevaron".

Jesús es escarnecido, ultrajado, humillado, golpeado, escupido.... Él quien no conocía pecado y que fue hecho pecado por nosotros.... Tal y como los profetas habían anunciado:

..."Como se asombraron de ti MUCHOS, de tal Manera FUE desfigurado de Los Hombres su Parecer, y Su hermosura Más Que La De Los Hijos de Los Hombres", (Isaias 52:14) "Subirá Cual renuevo

5 Clamaron a ti, y fueron librados; Confiaron en ti, y no fueron avergonzados.

6 Mas yo soy gusano, y no hombre; Oprobio de los hombres, y despreciado del pueblo.

7 Todos los que me ven me escarnecen;
Estiran la boca, menean la cabeza, diciendo:

39 Y los que pasaban le injuriaban, meneando la cabeza, 40 y diciendo: Tú que derribas el templo, y en tres días lo reedificas, sálvate a ti mismo; si eres Hijo de Dios, desciende de la cruz. Mateo 27:39-40

8 Se encomendó a Jehová; líbrele él;
Sálvele, puesto que en él se complacía.

43 Confió en Dios; líbrele ahora si le quiere; porque ha dicho: Soy Hijo de Dios. Mateo 27:43

9 Pero tú eres el que me sacó del vientre;
El que me hizo estar confiado desde que estaba a los pechos de mi madre.

10 Sobre ti fui echado desde antes de nacer;
Desde el vientre de mi madre, tú eres mi Dios.

11 No te alejes de mí, porque la angustia está cerca;
Porque no hay quien ayude.

12 Me han rodeado muchos toros;
Fuertes toros de Basán me han cercado.

13 Abrieron sobre mí su boca
Como león rapaz y rugiente.

14 He sido derramado como aguas,
Y todos mis huesos se descoyuntaron;
Mi corazón fue como cera,
Derritiéndose en medio de mis entrañas.

34 Y Jesús decía: Padre, perdónalos, porque no saben lo que hacen. Y repartieron entre sí sus vestidos, echando suertes. Lucas 23:34

19 Mas tú, Jehová, no te alejes;
Fortaleza mía, apresúrate a socorrerme.

20 Libra de la espada mi alma,
Del poder del perro mi vida.

21 Sálvame de la boca del león,
Y líbrame de los cuernos de los búfalos.

22 Anunciaré tu nombre a mis hermanos;
En medio de la congregación te alabaré.

2 Y de repente vino del cielo un estruendo como de un viento recio que soplaba, el cual llenó toda la casa donde estaban sentados; Hechos 2:2

23 Los que teméis a Jehová, alabadle;
Glorificadle, descendencia toda de Jacob,
Y temedle vosotros, descendencia toda de Israel.

24 Porque no menospreció ni abominó la aflicción del afligido,
Ni de él escondió su rostro;
Sino que cuando clamó a él, le oyó.

25 De ti será mi alabanza en la gran congregación;
Mis votos pagaré delante de los que le temen.

26 Comerán los humildes, y serán saciados;
Alabarán a Jehová los que le buscan;
Vivirá vuestro corazón para siempre.

27 Se acordarán, y se volverán a Jehová todos los confines de la tierra, Y todas las familias de las naciones adorarán delante de ti.

28 Porque de Jehová es el reino, Y él regirá las naciones.

Estando Jesús en un estado terrible, de extrema gravedad, con su cuerpo golpeado y sus huesos molidos, la piel completamente lacerada y seguramente con las vísceras expuestas por la flagelación sufrida. En estado de completo shock, con desesperante dificultad para respirar y tantos otros padecimientos y sufrimientos debe continuar; echar sobre sí la carga en su espalda dolorida por el peso del madero para salir a través de las puertas de la ciudad y llegar hasta el lugar de su crucifixión como Dios lo profetizó en el libro de Génesis, cuando Isaac, hijo de Abraham es llevado como holocausto para Dios y carga la leña para su propio sacrificio, dirigiéndose al mismo lugar donde un día el Cordero de Dios tomaría nuestro lugar. (Génesis 22:6)

Jn 19:17 "Y, cargando su cruz, salió al Lugar Llamado de la Calavera, y en hebreo, Gólgota"; (Mateo 27,32-50; Marcos 15,21-37; Lucas 23,26-49)

Yeshúa fue crucificado fuera de las puertas de la ciudad, en un lugar llamado Gólgota o Monte de la Calavera (Juan19:16-19; Hebreos 13:10-13)

Mc 15:21-25 Era la tercera hora. Es decir, las 9:00 am, la hora del sacrificio de la mañana, precisamente en el mismo momento cuando el cordero estaba siendo atado a los cuernos del altar en el Templo, Jesús es atado a la cruz, para que se cumpliera lo anunciado en los ensayos (Pesaj) a través de los miles de años.

El rito establecía el canto del Hallel (esto es adoración y son un conjunto de salmos cantados que van narrando todo lo que nuestro Mesías estaba sufriendo) Se entona el Salmo 118:27-28.

A partir del mediodía, y por espacio de tres horas, tiempo en el que Jesús permanece en la cruz, cae una terrible oscuridad en la tierra.

El Cordero de Dios, Yashúa HaMashia, estaba experimentando el peor sufrimiento espiritual y humano a causa de la imputación de nuestros pecados y transgresiones. ¡Quien es Dios se hizo maldición por causa nuestra! Algo que el hombre jamás llegará a comprender.

Impresionante precisión…

A esta hora; Jesús colgaba de la cruz con sus brazos extendidos, muy cercano a la muerte, con severa deshidratación, sus labios y garganta secos… Sacrificado por nosotros (Salmos 69:21; Mateo 27:48)

… "de esto, sabiendo Jesús Que ya todo estaba consumado , DIJO, Para Qué la Escritura se cumpliese: "Tengo sed.

Y estaba allí una vasija llena de vinagre; Ellos entonces empaparon una esponja, poniéndola en un hisopo, se la acercaron a la boca".

30 Cuando Jesús hubo tomado el vinagre, dijo: consumado es. Y habiendo Inclinado la cabeza, entrego el Espíritu". (Juan 19:28-30)

… "Y entonces Jesús clamando a gran voz dijo: Padre, en tus manos encomiendo mi espíritu. Y habiendo dicho esto, expiró". (Lucas 23:46) "Para que se cumpliera lo dicho por el salmista" (Sal 31:5)

Gr. TETELESTAI significa "Consumado es" y se empleaba cuando:

1. *ACABÉ MI TRABAJO: Cuando un hijo terminaba la tarea que había sido asignada por su padre. Jesús cumplió la voluntad de su Padre al morir por sus hermanos en la cruz.*
2. *PAGUÉ LA DEUDA: Término comercial que se empleaba generalmente cuando alguien iba al banco a pagar una cuenta pendiente, entonces el banquero sellaba el documento con esta frase que traducida quiere decir "Está pagado". Jesús pagó por completo la deuda que teníamos a causa del pecado.*
3. *POSESIÓN DE LA PROPIEDAD: En una transacción comercial, cuando se compraba una tierra y se pagaba en la totalidad, se registraba la escritura y se sellaba con esta expresión. Esto concedía los derechos totales al nuevo dueño. Nos volvió a comprar, esto es redención. Ahora por precio y derecho, somos suyos.*

Todo aquel que leía este título en la cruz quedaba atónito porque las letras iniciales de cada palabra que estaban escritas sobre la cabeza de Jesús, inculpándolo, eran **YHVH**, el santísimo e innombrable nombre de Dios, el Elohim. ¡Este tetragrama declaraba que quien estaba colgando de la cruz era Dios mismo! El terrible enojo del Sanedrín al observar tal cosa y su deseo por quitarlo no fueron suficientes porque debía permanecer sobre Él la imputación de nuestra maldad.

Hay registros históricos que dan testimonio que en esa Pascua se sacrificaron más o menos 250,000 corderos. La cantidad de sangre fue extrema; (aprox. 250,000 corderos a 1 litro c/u es equivalente a 62,500 galones equivalentes a más 1,100 barriles de 55 galones de sangre. Todo esto anunciaba la muerte de nuestro Salvador, era un ensayo. Desde la lejanía, podía divisarse que del Templo descendía, por medio de canales que bajaban hasta el "Valle de la Sangre", un gran caudal de ésta, producto de los sacrificios y el agua para la limpieza del lugar.

Por medio de la fe hemos sido liberados de la esclavitud del pecado y de la tiranía de Satanás sobre nuestras vidas. Gálatas 4:3-5 y 5:1 porque solamente la sangre de Yeshúa nos redime del pecado Levítico 17:11, Efesios 1:7; Colosenses 1:14; I Pedro 1:18-19; I Juan 1:7; Apocalipsis 1:5

Los judíos pidieron a Pilato que se quebrase las piernas a los tres crucificados porque era la preparación de la Pascua y prontamente iniciaba el día del Gran Reposo. Ningún crucificado podía permanecer colgado y expuesto en el inicio de Shabat porque caería maldición sobre la tierra.

Vinieron pues los soldados y quebraron las piernas a los dos ladrones, pero cuando llegaron a Jesús le encontraron muerto

"Entonces Jacob rasgó sus vestidos, y puso cilicio sobre sus lomos y guardó luto por su hijo muchos días" (Génesis 37:34)

La profecía escrita 700 años AC en el libro de Isaías 53:9 anunciaba que el Mesías sería enterrado entre los ricos.

Así, José de Arimatea que era un hombre bien acomodado y muy influyente pues formaba parte de Sanhedrín. Se presentó ante Pilato para pedirle el cuerpo de Jesús. En el Israel de aquella época eran muy pocos los que tenían el poder adquisitivo para tener un sepulcro propio. Este sepulcro cumplía con todas las características descritas en la profecía, era nuevo, cercano y privado y fue allí donde fue puesto el bendito cuerpo de nuestro Salvador. De la misma manera que las cenizas de la vaca alazana (para la purificación del Templo, los utensilios, la purificación de la inmundicia y de la lepra) debían permanecer en un lugar santo y limpio antes de ser usadas para expiación.

Nicodemo (fariseo prominente y principal) trae consigo un compuesto de mirra y aloe, tal como lo mandaba la tradición judía y envolviendo el cuerpo de Jesús con un lienzo de lino impregnado con especies aromáticas, (de acuerdo a la profecía dada gráficamente con de los regalos que los sabios entregaron al niño recién nacido) ungen el cuerpo y lo dejan en el sepulcro.

"Cuando llegó la noche, vino un hombre rico de Arimatea, llamado José… fue a Pilato y le pidió el cuerpo de Jesús…. Y lo puso en un sepulcro nuevo"… (Mateo 27:57 ss)

"No hay otro camino al Padre, solamente Jesús, es el único camino, la verdad y la vida". (Juan 14:6) "No hay otro mediador entre Dios y los hombres".

Testigos Oculares:
¿Cómo podemos tener la completa certeza que todo esto ocurrió? Elohim mandó que todo lo que se realizaba en cuanto a la Ley debía ser presenciado por dos o tres testigos (Números 35:30; Deuteronomio 17:6). Dios no iba a contravenir Su palabra. Esta

completarla. Llevarla a su nivel máximo, satisfacer el propósito para el cual ha sido creada.

Jesús nos está diciendo, "Yo no vine a abolir la ley, vine para enseñarles el propósito por el cual fue creada y llevarla a su máximo nivel, para completarla".

.... "De manera que cualquiera que ***quebrante*** *el más pequeño de estos mandamientos y así* ***enseñe*** *a los hombres, muy pequeño será llamado en el reino de los cielos; pero cualquiera que los* ***cumpla*** *y los* ***enseñe,*** *éste será llamado grande en el reino de los cielos" (v19)*

Romanos 15:13 "Y el Dios de esperanza os llene de todo gozo y paz en el creer, para que abundéis en esperanza por el poder del Espíritu SANTO".

¿Guardó Pablo las Festividades?

El apóstol Pablo fue discípulo de Gamaliel. Esto implicaba aprenderse La Ley, letra por letra y palabra por palabra. Por esta razón es fácil entender que Pablo manejaba el texto bíblico y a partir de esto, la revelación del cumplimiento profético en Jesús. Entendiendo los oráculos de Dios y su propósito de anunciar las Buenas Nuevas de Salvación en Jesucristo.

Hechos 20:16 Pablo es un Rabino, alumno de Gamaliel (para poder ganarse este derecho debió memorizar la Tanaj palabra por palabra) sentado a sus pies.

I Corintios 5:8 Es Pablo después de la resurrección.

18 *En el mes primero comeréis los panes sin levadura,* ***desde el día catorce*** *del mes por la tarde hasta el veintiuno del mes por la tarde". (Éxodo 12:8, 14-17)*

En el día de la Pascua se sacrificaba y asaba un cordero directamente al fuego, la sangre debía ser rociada en los dinteles y los postes de las puertas. El cordero debía comerse con matzot o panes ácimos acompañados de hierbas amargas.

En su cumplimiento mesiánico podemos ver lo siguiente:

Jesús es el Pan de Vida que descendió de los cielos (Juan 6:35) anunciado en el desierto por medio del maná.

La profecía declaró que el Mesías nacería en la pequeña Belén (*Bet Léjem*) de Judea (Mateo 2:5-6). En hebreo *Bet Léjem* significa casa de pan. Jesús nació en esta pequeña ciudad para que se cumpliera lo dicho por el profeta. Yashúa es el verdadero Pan que bajó del Cielo; es el pan ácimo (sin levadura: la cuál es figura del pecado) que comieron al salir de Egipto; es la sustancia que la sombra anunció en el desierto a través del maná (Éxodo 16:31).

Analicemos esta profecía basándonos en Éxodo 16:

Éxodo 16:4 *"Y Jehová dijo a Moisés: He aquí yo os haré llover pan del cielo; el pueblo saldrá, y recogerá"...*

De acuerdo a **Deuteronomio 8:3** *..."y te sustentó con maná, comida que no conocías tú ni tus padres la habían conocido, para hacerte saber que no sólo de pan vivirá el hombre, más de todo lo que sale de la boca de Jehová vivirá el hombre".*

Éxodo 16:15

"Y Moisés les dijo: Es el pan que Dios da para comer".

"Jesús les dijo: "En verdad, en verdad os digo, no os dio Moisés el pan del cielo, mas mi Padre os da el verdadero pan del cielo. Porque el pan de Dios es aquel que descendió del cielo y da vida al mundo. Le dijeron: Señor, danos siempre este pan. Jesús les dijo: Yo soy el pan de vida; el que a mí viene, nunca tendrá hambre; y el que en mí cree no tendrá sed jamás" (Juan 6:32-35)

Jesús es el Pan de Vida, Jesús es la Palabra de Dios, Él es Todo lo que sale de la Boca de Dios...

Ahora establezcamos estos paralelos:

Por la tarde, el Señor envió codornices para que su pueblo comiera carne. Sombra de la crucifixión de Jesús. Por la mañana envió maná para que vieran su gloria y comieran. Es sombra de la resurrección de Jesús:

Jesús, el Cordero Pascual, murió el 14 de Nisán entre las dos tardes, como Dios lo anunció al enviar "carne" (codornices) por la tarde en el desierto. Venciendo el pecado en un solo sacrificio, de una vez y para siempre. El día 15, su cuerpo descansaba en una tumba; este era el primer día de HaMatzot (Panes sin levadura). Juan 19:31, el cuerpo del Verdadero Pan del Cielo descansó tres días y tres noches en el sepulcro, envuelto en un lienzo de lino, como había sido anunciado en el desierto por medio del rocío y el maná.

El AFIKOMAN

Aunque ya tratamos este tema en lo referente a Pascua (*Pesaj*), ahora lo haremos en referencia a Panes sin Levadura (*HaMatzot*) y Primicia de los Primeros Frutos (*Bikurim*).

Como había quedado asentado, en el *Seder* de *Pesaj* hay una bolsita previamente preparada, con tres divisiones. En cada una de las divisiones (una arriba, en medio y abajo) se encuentra un pan *matza* respectivamente.

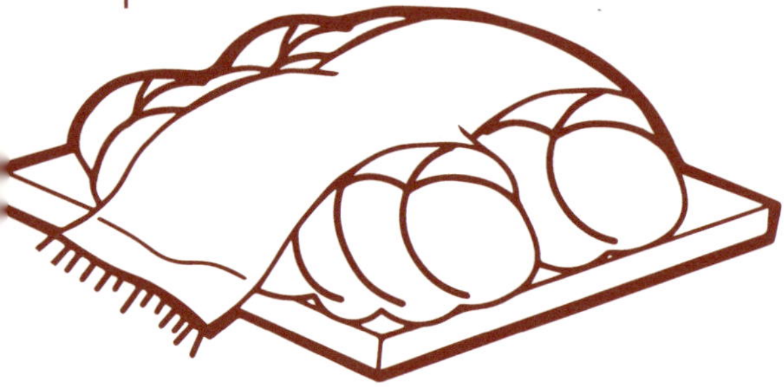

El *matza* que está en medio, se saca y se parte en dos. Una de las dos mitades, generalmente la más grande, se envuelve en lino blanco y se esconde, (como una sombra del tiempo que Jesús permaneció en la tumba). Este trozo es llamado *"El Afikoman"*. La otra mitad regresa entonces, a la bolsa.

Más tarde se busca el *Afikoman* y es hallado por los niños de la casa.

Como sombra de la resurrección de Jesús y Su triunfo sobre la muerte. Se dice que el *Afikoman* o pan de aflicción es redimido, rescatado y transformado.

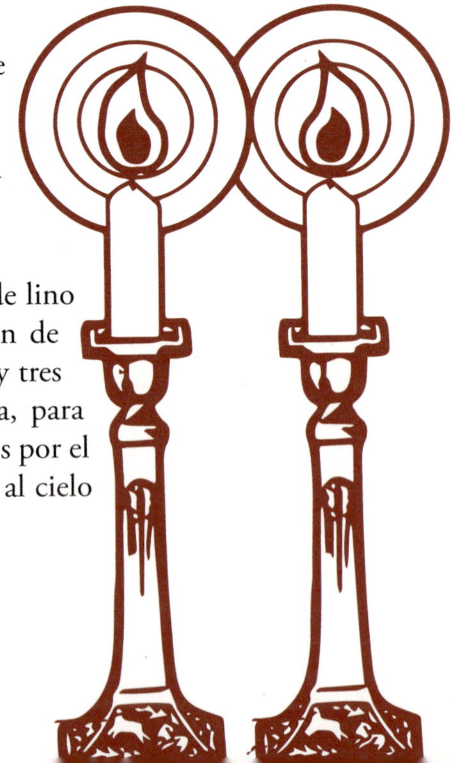

Jesús fue envuelto en un lienzo de lino blanco y sepultado en el corazón de la tierra por espacio de tres días y tres noches, de acuerdo a la profecía, para ser levantado de entre los muertos por el poder del Espíritu Santo y subir al cielo con gloria. (Ef. 1:19-20).

LA LEVADURA

Levadura en hebreo, *Seh-ore*; viene de *Shaw-ar* que significa dejar o permanecer atrás. El dejar atrás; un remanente. (Mateo 16:6 y 12)

Jametz quiere decir leudado. Es decir, cualquier alimento hecho a base de granos y/o sus derivados mezclados con agua, que han fermentado y leudado. El ejemplo clásico es el pan.

Para leudar, la costumbre entre los judíos del primer siglo, era guardar un pedacito de masa leudada para leudar la próxima. Así sucesivamente. Dejaban "atrás masa" o "un pedazo remanente" para leudar la siguiente. Eso es lo que se conocía como "giste" o levadura.

El giste es un hongo unicelular que pertenece a los ascomicetos. El género *Saccharommyces* es comúnmente utilizado en la producción de cerveza y pan debido a que produce un alto estado de "corrupción" al alimentarse de los azúcares de los hidratos de carbono para crear dióxido de carbono y alcohol.

Teniendo este trasfondo científico y cultural hace sentido fácilmente la explicación del Señor Jesús cuando nos enseña que "un solo pedazo de levadura" leuda toda la masa. Una sola célula leuda todo el cuerpo, aun hablando del cuerpo místico de nuestro Señor.

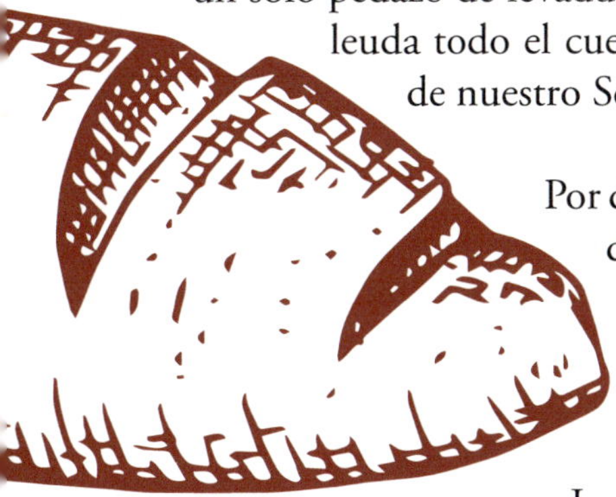

Por definición, el leudo debe hacerse a partir del jiste u organismo vivo. Pero, existen también, los llamados, falsos levadores. Este es el caso del bicarbonato, que produce "pan rápido".

La diferencia entre uno y otro es notoria. Así en la vida del creyente y del cuerpo, místico de Jesús. El pecado puede llegar disfrazado de muchas maneras y actuar de distintas formas. Se puede estar incubando por mucho tiempo, o puede aparecer súbitamente y corromperlo todo.

Veamos cuál es la levadura viva que señalan las Escrituras:

LA BÚSQUEDA DEL JAMETZ

La preparación para buscar y echar fuera la levadura de las casas empieza antes de la Pascua, pero "La búsqueda del jametz" como tal, se lleva a cabo antes del medio día del 14 de Nisán.

De acuerdo a la tradición se distribuyen 10 pedazos de pan leudado o jametz, por toda la casa. Utilizando una lámpara en medio de la oscuridad, es el padre de familia quien guía a sus hijos en dicha búsqueda. Al encontrar el jametz, el padre utilizando una paleta de madera y una gran pluma de ave lo retira siendo muy cuidadoso.

LOS DÍAS DE OMER o LA CUENTA DE OMER

(Levítico 23:10-12, 15-17, 21; Éxodo 34:22; Deuteronomio 16:9-10)

"Habla y di a los hijos de Israel: "Cuando entren en la tierra que les doy y recojan su cosecha, traerán al sacerdote una gavilla de las primicias de su cosecha, y para que sean aceptos, dedicarán la gavilla ante YAHWEH; al día siguiente el sacerdote la dedicará. "Ofrecerán un cordero de un año sin defecto como holocausto completo a YAHWEH el día que dediquen la gavilla. Y contaréis desde el día que sigue al día de reposo,[sábado=shabat] desde el día en que ofrecisteis la gavilla de la ofrenda mecida; siete semanas cumplidas serán. Hasta el día siguiente del séptimo día de reposo[b] contaréis cincuenta días; entonces ofreceréis el nuevo grano a Jehová.

"Ese mismo día proclamarán convocación santa. No harán ningún trabajo laboral. Será estatuto permanente a través de sus generaciones dondequiera que habiten". Levítico 23:10-12, 15-17, 21 Peshita

El pueblo judío debía traer una ofrenda de cebada al día siguiente del *Shabat* regular de *Pesaj* (sombra de la resurrección de Jesús), El Omer Reshit. Después de esto era permitido el consumo de los granos que recién se habían cosechado.

El período entre Pascua y Pentecostés se denomina *Omer*. La Fiesta de Pentecostés (griego Cincuenta) o *Shavuot* (hebreo Semanas) es la única que no tiene establecida una fecha para su conmemoración. Esta se estipula mediante la cuenta de 49 días más uno (50 días), esto es lo que se denomina "la cuenta del Omer". (Levítico 23:15-16)

De aquí que, es significativo que la Escritura diga: *"cuenta para ti....* (Levítico 23:15, traducción hebrea).

El libro de Jeremías establece que el Nuevo Pacto consiste en que Dios escribirá estas leyes en nuestro corazón, que ahora es, un corazón de carne.

Un dato curioso, en el que nos maravillan los detalles asombrosos de YAHWEH es que cada noche, después de la cuenta del Omer, se suele recitar el Salmo 67 que está compuesto de 7 versículos de 49 palabras. De la misma manera que se cuentan 7 *shabat* o 7 semanas de 7 días, es decir 49 días más uno, en el que se celebra Pentecostés. Todo ello figura de perfección, de plenitud. Esta perfección y esta plenitud hacia la cual nos dirigimos, cuando seamos transformados en un abrir y cerrar de ojos.

No es casualidad que esta cuenta en el texto bíblico corresponda exactamente al número de días que corresponde al tiempo señalado para el encuentro en el Sinaí. Entendemos que este es un recorrido de preparación, en el desierto para la entrega de las Tablas de la Ley y posteriormente, del derramamiento del Santo Espíritu. Al leer el Salmo 67 (salmo que suele leerse en esta conmemoración, como ya habíamos señalado), nos damos cuenta que es la bendición sacerdotal. Esto debido a que el Eterno desea que nos preparemos para estar en Su presencia; de la misma manera en que el rostro de Moisés resplandecía, cuando le fue entregada la *Davar* (Palabra) de Dios reflejando la gloria de YAHWEH. Elohim desea que nosotros reflejemos Su gloria (el Salmo 119 establece que la Torah es luz) a todas las lenguas, pueblos y naciones declarando que Yeshúa es Señor para la gloria de Dios Padre.

Al Padre le plujo revelar todos estos misterios solamente a los que son como niños (Lucas 10:21). Los de corazón inocente entrarán en el Reino de los Cielos. Los humildes y sencillos, los de corazón humillado ante la Majestad de su Creador. Es decir, aquellos que cumplen sus *Mitzvot* (mandamientos) y los enseñan (Mateo 18:3). Jesús es autor de eterna salvación para los que le obedecen (Hebreos 5:9) y da sabiduría y entendimiento a los que obedientemente le buscan.

El día siguiente del sábado de esa semana, cuando la cebada estaba ya lista para la cosecha (*aviv*). Los judíos llevaban una sola gavilla al sacerdote, quien la mecería delante del Señor. Esta era llamada "La gavilla de los Primeros Frutos". En hebreo la palabra *omer* también se define como una medida de capacidad (ver capítulo anterior).

Recordemos que esta fiesta es parte de las tres convocaciones santas para subir a Jerusalén (Pascua, Pentecostés y Tabernáculos). Todas están relacionadas con la cosecha:

- *Pesaj* o Pascua es la cosecha de la cebada.
- *Shavuot* o Pentecostés es la del trigo.
  Estas dos fiestas se conmemoraban en la vendimia de los primeros frutos
- *Sukkot* o Tabernáculos en la cosecha de frutas al finalizar el año.

Las primicias presentadas eran escogidas con detenimiento y como su nombre lo indica, eran las primeras y las mejores pues "eran santas delante del Señor.

Por lo tanto, Las Primicias nos hablan de "lo primero o la primera vez". La preeminencia, los principios. Lo primero que es apto.

Por eso es significativo ver, en las Sagradas Escrituras, el valor que Dios da a los primogénitos, quienes debían ser presentados delante de Él como primicias. (Éxodo 13:2, 22:29; 23:16, 19; 34:26; Levítico 2:12,14; 23:20; Números 18.12-15, 26:1-11, 10; II Crónicas 31:5; Nehemías 10:35-39; Proverbios 3:9; Jeremías 2:3; Ezequiel 44:30; 48:14; Malaquías 3:8-14; Hebreos 6:20; 7:1-8)

como el polvo de la tierra y como la arena del mar. Pueblo gentil y pueblo judío. (Romanos 11:15). De Él toma nombre toda familia (Efesios 3:15). Cumpliéndose así, la promesa que Dios hiciera a Abraham.

La Fiesta de "La Gavilla de los Primeros Frutos" es sombra profética de la resurrección de Cristo. Jesús explicó que resucitaría al cabo de 3 días y 3 noches (Mateo 12:39-40; 16:21; Lucas 24:46)

Éxodo 16:6-8

…" En la tarde sabréis que Jehová os ha sacado de la tierra de Egipto; y a la ***mañana*** *veréis la gloria de Dios….*

(Esto sucederá cuando) Jehová os dará en la ***tarde*** *carne, y pan por la* ***mañana hasta saciaros*** *" …*

Se habla de la tarde y la mañana:

Por la tarde, la carne, las codornices: la crucifixión

Por la mañana, el pan, el maná: La resurrección

…"Y cuando descendía el rocío sobre el campamento ***de noche****, el maná descendía también"…* ***"Algo sucedía por la noche" y a la mañana*** *siguiente, ¡el sol derretía el rocío que envolvía protegiendo al maná para que el pueblo lo pudiera ver! (Números 11:9)*

En Isaías 53:9 se profetizó que el Yeshúa sería sepultado en la tumba de un hombre rico y en Mateo 27:57ssy Lucas 23:51-53 vemos su cumplimiento.

¡Y la piedra de la tumba se movió…!

Torah y en su cumplimiento, reconocemos que Jesús es la *Torah viva* que nos salva y bendice. Esta Festividad celebra las primicias de la ciega del trigo. Es una fiesta de mucha alegría.

El pueblo judío conmemora la entrega de las Tablas de la Ley en el Sinaí. La Torah, que en su traducción original significa "Enseñanza o instrucción" nos muestra el estándar del carácter y santidad de Dios, nos muestra su corazón y nos revela su voluntad. Nos sirve como un espejo para mostrarnos a nosotros mismos y exponer a la luz nuestro pecado. Quizá, por eso, hoy día no es tan popular.

Moisés estuvo en lo más alto de la montaña para recibir los mandamientos. El Pacto entero le fue dado pero el pueblo atemorizado por la presencia del Gran Yo Soy no quiso seguir delante así que designaron solamente a Moisés para que los representara. Ellos rechazaron la relación personal con YAHWEH. Ellos prefirieron un intermediario, un medidor. Así pierden la oportunidad de que el *Ruaj HaKodesh* viniera sobre ellos. De esta manera se separó el tiempo de dar la Verdad y el tiempo de dar el Espíritu por espacio de 1200 años. Coincidentemente, 100 años por cada una de las tribus de Israel.

Así con la venida del Espíritu Santo, años después, en lo que llamamos el Nuevo Testamento, encontramos que el Padre busca quien lo adore en espíritu y en verdad, uniendo así esos 1200 años en un solo día.

El libro de los Hechos narra que, estando los apóstoles y los santos, todos unánimes, juntos, el día de Pentecostés (*Shavuot o Semanas*), vino repentinamente un estruendo del cielo, como un viento recio que soplaba, el cual llenó toda la casa donde estaban sentados y se les aparecieron lenguas repartidas como de fuego asentándose sobre cada uno de ellos. Y fueron todos llenos del Espíritu Santo... (Hechos 2:1-4)

Así para el creyente en Jesús es el advenimiento del Santo Espíritu de Dios (*Ruaj HaKodesh*) y Su revelación que trae consigo dones

Podemos descubrir una analogía empleada por Dios cuando mandó a Su pueblo a establecer el Tabernáculo de reunión (a esto le llamaremos sombra y figura).

Vemos que el tabernáculo tenía una única entrada. Una sola puerta (figura de los dinteles de las casas en Egipto en los que se aplicó la sangre del cordero y estos, a su vez, figura de la cruz) y un solo camino que recibía el nombre de "El Camino, La Verdad y La Vida" para poder entrar hasta el Lugar Santísimo.

Luego del sacrificio, el sacerdote pasaba al lavacro (el Mar Rojo, figura del lavamiento en la palabra y del bautismo del creyente) para limpiarse con esas aguas que, sin duda, habían sido recogidas de la Peña Viva que los seguía (estaban en el desierto y no había agua). Ya limpios, se podían acercar al Lugar Santo (La Tienda de Reunión) sombra del Monte Sinaí donde está el Dios de Israel. Solamente los sacerdotes podían entrar al Lugar Santo, de la misma manera que solo pudieron subir a la mitad de la montaña; y solamente el Sumo Sacerdote podía entrar al Lugar Santísimo, del mismo modo que únicamente Moisés (figura de Cristo) pudo subir hasta la cima para ver al Dios Altísimo.

El pueblo llegó al Sinaí el día 3 del 3er. mes. (Éxodo 19:1). Tres días más tarde Yahweh visitó a su pueblo (Éxodo 19:10-11). Así la Torah fue entregada el 6° día del 3er. mes, es decir exactamente 50 días después de que cruzaran el Mar Rojo. Por esta razón, este día es conocido como "el día que Yahweh se reveló a su pueblo".

El cruce por el Mar Rojo representa el *mitzváh* (baño de purificación) para poder contraer nupcias con el Elohim en Monte Sinaí en la Festividad de Shavuot. Es también la sombra del bautismo del creyente.

Así, Dios hace entrega de la Torah a Israel, estableciendo un pacto con su pueblo Israel. Le entrega el contrato matrimonial (ketubah) las Tablas de la Ley en donde se establecen las obligaciones entre marido y mujer. Dios está comprometido y el pueblo acepta el compromiso. Para los creyentes en Yeshúa, el Señor pone esas leyes en nuestro corazón, ahora un corazón de carne y nos da su Santo Espíritu para que podamos entenderlas (Jeremías 31:33; Hebreos 8:10). La Torah se hace Rhema en el creyente porque la Palabra se hace vida en su vida.

Según el pueblo de Israel, los principales acontecimientos en el plan de redención del Eterno serán marcados por tres trompetas (shofarim) que en realidad son 3 días determinados.

Estas son llamadas así: La primera Trompeta, la Última Trompeta y la Gran Trompeta.

El apóstol Pablo hace mención de la última Trompeta en la Epístola a los Tesalonicenses y claramente hace referencia a la reunión de los creyentes (*natzal*) por lo que entendemos que este podría llevarse a cabo durante este tiempo de conmemoración (I Corintios 15:51-53).

La Gran Trompeta (*Shofar Gadol*) se suena en *Yom Kipur* o Día de Expiación. A esto hizo referencia Jesús en Mateo 24:30-31. Por esta razón creemos que Yeshúa podría regresar, en su segunda venida a la Tierra, en *Yom Kipur*.

La entrega de la Torah en el Monte Sinaí establece una nueva forma, en un nuevo tiempo de relación con el Eterno. Él entrega a su pueblo un conjunto de enseñanzas e instrucciones para la vida, el servicio religioso, la vida civil y la salubridad del pueblo, las Festividades u oráculos que son las sombras que anunciaban a Jesús y las promesas de bendición para aquellos que escuchan, creen, guardan y obedecen Su Palabra.

YAHWEH establece para esta conmemoración:
Levítico 23

1. (v 15-17; Número 28:26)
Panes con levadura de ofrenda mecida:

Con anterioridad vimos que la levadura simboliza el pecado y que era prohibido tener levadura en las casas durante las fiestas de *Pesaj, HaMatzot* y *Bikurim* pero contrario a esto, en *Shavuot* se ordena que sean mecidos delante del Señor dos panes leudados. Estos representan uno a Israel y el otro a la congregación de los creyentes en Yeshúa. En ambos pueblos ha abundado el pecado pero la Palabra dice que donde abunda el pecado sobreabunda la gracia (Romanos 5:20). Dos panes evocan: dos testigos, dos casas (Judá/Israel), dos pueblos (judíos/gentiles).

3. Ofrenda encendida de olor grato
La ofrenda era pasada por fuego en el Altar de Bronce para ser purificada y refinada. Hoy el fuego es el Espíritu Santo que llega a la vida del creyente purificándola. (Lucas 3:16; I Corintios 3:13-15)

4. Estatuto Perpetuo

El Espíritu Santo vino a hacer morada en los creyentes para siempre. Él es nuestras arras, Él es quien nos sella, quien da testimonio, quien redarguye y quien enseña, quien consuela y nos lleva a toda verdad. Es un regalo eterno. (Juan 14:16-17; Efesios 1:13-14)

Vemos que esta lluvia es figura del Espíritu Santo que primeramente convence al ser humano de pecado trayéndolo al arrepentimiento para salvación y llevándolo a novedad de vida, dándole dones y equipándolo para que sea hecho perfecto.

La lluvia temprana nos habla acerca de la primera venida del Mesías y el regalo del *Ruaj HaKodesh* (Espíritu Santo) y la tardía del derramamiento del Espíritu Santo en la segunda venida (Joel 2:23, 28-29)

La cosecha nos habla de la salvación humana, de todos aquellos que han creído en Jesús como su Mesías, salvador y redentor. La segunda cosecha de otoño está a las puertas, al final de esta era que está pronta a terminar (Mateo 13:39; Marcos 4:29).

Ahora el proceso espiritual en los creyentes:

Pascua: El regalo de la Salvación nos pasa de muerte a vida. Quien se encuentra con Jesús su Mesías, experimenta una nueva naturaleza y muere a sí mismo. *Pesaj* sucede, muere al orgullo y al pecado.

Panes sin levadura: Por amor y gratitud, el que ha nacido de nuevo, quiere vivir una vida sin pecado, agradando a Dios y guardando su testimonio. Esto es posible por el poder derramado en el corazón, esto es el Espíritu Santo.

Primicias de los primeros frutos: El cristiano produce frutos de justicia para Yeshua, camina en las obras de justicia que Dios ha preparado de antemano para él. Empieza a llevar almas para Cristo.

Pentecostés: el creyente debe experimentar el bautismo del Espíritu Santo para vivir conforme a la voluntad de su Creador y llevar el Evangelio con poder a toda criatura y el nombre del Señor sea exaltado.

RESEÑA DE LA AUTORA

Claudia Mendez-Ruiz

Made in the USA
Las Vegas, NV
09 November 2026

57764357R00069